GUÍA DE SETAS DE LA SIERRA DE GUADARRAMA

Vicente González García
María Ángeles Portal Onco

ediciones
LA LIBRERÍA

1.ª edición: 2014
2.ª edición: 2018
3.ª edición: 2024

Cubierta y maquetación: Javier Fernández Lizán

ISBN: 978-84-9873-555-0
Depósito Legal: M-18513-2024

Impreso en España/Printed in Spain

SIMBOLOGÍA SOBRE COMESTIBILIDAD/TOXICIDAD

●●● Especie tóxica mortal o de muy graves consecuencias

●● Especie tóxica de graves consecuencias

● Especie tóxica leve o sospechosa de toxicidad

● Indiferente comestible o comestible de escasa calidad

● Especie comestible de baja calidad

●● Especie comestible de calidad mediana

●●● Especie comestible de alta o excelente calidad

Para la elaboración de la parte descriptiva de las especies de la presente guía, y dada la limitación de espacio que impone este tipo de formatos, hemos efectuado una cuidada selección de parte de la diversidad fúngica del PN de la Sierra del Guadarrama que, desde luego es más amplia que la aquí tratada, y no puede ser abordada desde la perspectiva de una guía de campo con carácter divulgativo. El criterio básico para la elección de las 101 especies del presente trabajo tiene que ver con el hecho de que éstas debían ser relativamente abundantes en los ecosistemas vegetales del Parque Nacional y fáciles de reconocer en el campo por los aficionados. De este modo, la parte descriptiva incluye una mayoría de especies comunes o muy comunes en el territorio serrano, tratando en la medida de lo posible de incluir especies representativas de los grandes grupos de hongos silvestres, con el humilde propósito de despertar en los aficionados y naturalistas en general un interés por el fascinante mundo de las setas existentes en la Sierra de Guadarrama.

Generalidades del reino fungi

Desde la antigüedad los seres vivos se consideraban como pertenecientes a dos reinos: animal y vegetal. Actualmente, el modelo de clasificación más aceptado es el propuesto por Margulis y Whittaker en 1970 que engloba a todos los seres vivos en cinco reinos:

- Monera
- Protista
- Fungi (hongos)
- Plantae
- Animalia

La mayoría de los organismos que conocemos vulgarmente como hongos están incluidos en el Reino Fungi, integrado por formas de vida eucariotas, sin clorofila (no son plantas) y que se nutren generalmente por absorción (a medio camino entre animales y plantas). Casi todos ellos tienen en común un cuerpo vegetativo filamentoso y la producción de algún tipo de esporas (fase reproductora). Estos filamentos vegetativos microscópicos se denominan hifas y a su conjunto micelio. En líneas generales todo el cuerpo del hongo suele ser filamentoso, aunque existen grupos con estructura unicelular como es el caso de las levaduras. El conjunto de hifas de un individuo suele estar diferenciado en una parte vegetativa encargada de la absorción de nutrientes y otra reproductiva, más especializada y encargada de formar las estructuras de propagación. Es un grupo extraordinariamente diverso con unas 150.000 especies descritas, formado por organismos presentes en todo tipo de ecosistemas y que son parte esencial de la cadena trófica. En lo referente al tipo de nutrición de los hongos, son organismos heterótrofos, es decir, obtienen de otros organismos (principalmente plantas y animales) los compuestos que necesitan para vivir, utilizando tres tipos de estrategias ecológicas generales:

- **Saprofitismo**: especies que se alimentan de materia orgánica muerta o en descomposición, al mismo tiempo que la degradan y la reincorporan al suelo.
- **Parasitismo**: son aquellos hongos que viven en el interior de otros seres vivos, alimentándose de sus productos metabólicos, provocando una patología que puede desembocar en la muerte de la planta o animal parasitado.
- **Simbiosis**: se basa en el establecimiento de relaciones simbióticas o mutualistas entre el hongo y otro organismo para beneficio de ambos. Los dos tipos más comunes en el Reino Fungi son las micorrizas y los líquenes. El término micorriza define la asociación mutualista entre un hongo y las raíces de una planta. En los líquenes, se produce una relación simbiótica entre un hongo superior (generalmente un ascomiceto) y un alga, forman-

1. Saprofitismo
2. Parasitismo
3. Simbiosis

do una unidad vital propia y autónoma, que permite la supervivencia de ambos simbiontes.

LOS DIFERENTES GRUPOS DE HONGOS

El Reino Fungi es un conjunto evolutivamente heterogéneo de organismos. Por ello, muchos de los organismos tradicionalmente estudiados por los micólogos han sido removidos del Reino Fungi y reclasificados en otros grupos (especialmente en el caso de los llamados Mixomicetos y Oomicetos). Aunque en la actualidad se reconocen siete grandes grupos de hongos, nos centraremos en dos de los principales, donde se encuadran la mayoría de las especies más fácilmente identificables por los aficionados en el campo, o con interés en patología, procesos industriales, agricultura, alimentación, etc.

- **Ascomicetos**: Los Ascomicetos forman un amplio grupo de hongos con aproximadamente 65.000 especies descritas en la actualidad, denominados a veces como «hongos con sacos» debido a que sus esporas sexuales

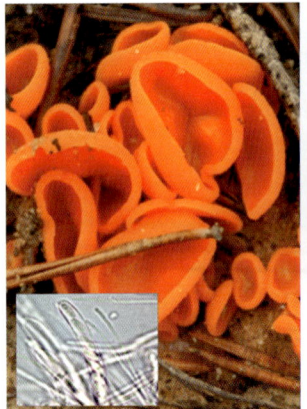

Ascomiceto   Basidomiceto

(ascósporas) se forman en unas células especiales en forma de saco llamadas ascos. La morfología de los cuerpos fructíferos sexuales (ascocarpos) que contienen los ascos es muy variable (en forma de copa, discos, sacos cerrados con o sin cuello, estromas, etc.) y es la base de la clasificación del grupo. Entre los ascomicetos, encontramos por ejemplo muchas levaduras unicelulares de utilidad en la industria alimentaria, la mayor parte de hongos descomponedores de alimentos, hongos silvestres en forma de copa, hongos coprófilos o las conocidas y apreciadas colmenillas, criadillas de tierra o trufas.

- **Basidiomicetos**: Son los hongos más conocidos y familiares para nosotros; las setas, con unas 30.000 especies descritas en la actualidad. Estas setas o basidiocarpos son el cuerpo productor de esporas de numerosas especies. Si comparamos a grandes rasgos un manzano con un hongo basidiomiceto productor de setas, éstas últimas representarían las manzanas o frutos con las esporas o semillas en su interior, mientras que el micelio subterráneo del hongo representaría al árbol productor. La producción de estas esporas tiene lugar en unas estructuras celulares llamadas basidios con forma general de maza. Basidiomicetos son las habituales y populares setas de nuestros bosques y prados tan apreciadas gastronómicamente, pero también temidas por la existencia entre ellas de especies tóxicas y mortales. También son basidiomicetos los «yesqueros» u «hongos en repisa», descomponedores de madera de numerosas especies arbóreas, los «bejines», «pedos de lobo» o «estrellas de tierra», así como las «royas» o «carbones» que producen pérdidas económicas en cultivos agrícolas.

La taxonomía de las diferentes especies de hongos superiores ha estado históricamente basada en la descripción y comparación de una serie de caracteres, tanto macroscópicos como microscópicos, relacionados principalmente con las estructuras reproductoras, ya que las estructuras vegetativas de la mayoría de los hongos superiores no suelen ofrecer un número aceptable de caracteres diagnósticos. Así, la anatomía y la morfología de los cuerpos fructíferos de la mayoría de las setas y hongos que fructifican en nuestros campos y bosques proporcionan una serie de caracteres que, mediante su comparación y discriminación en descripciones y claves dicotómicas, nos permiten identificar con seguridad cada especie en cuestión. En líneas generales, las especies más comunes de hongos, poseen cuerpos fructíferos sexuales formados por tejidos de dos tipos; una parte fértil o himenio compuesta de células sexuales productoras de esporas (ascósporas o basidiósporas según el tipo de hongo), que a veces pueden contener estructuras celulares estériles entremezcladas con ellas, y otra formada por el resto del carpóforo, denominado basidiocarpo o ascocarpo, de morfología extremadamente variada.

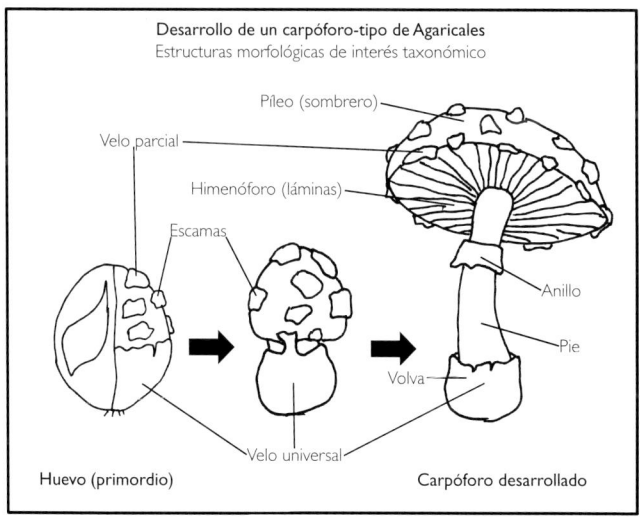

Desarrollo de un carpóforo-tipo de Agaricales
Estructuras morfológicas de interés taxonómico

Píleo (sombrero)

Velo parcial

Himenóforo (láminas)

Escamas

Anillo

Pie

Volva

Velo universal

Huevo (primordio)   Carpóforo desarrollado

Formas de pie, base, superficie, carne, inserción en el píleo y tipos de anillos

Cilíndrico Atenuado
Fusiforme Clavado Ventrudo Obeso

Descendente
Ascendente Móvil Doble (lateral) Doble (inferior) Armilla Cortina

Estriado
Escamoso Escrobiculado Reticulado Estrigoso

Lleno Meduloso Cavernoso Hueco Fistuloso

Bulbosa
Radicante Ensanchada Bulbo marginado Central Excéntrico Lateral

Para identificar correctamente un hongo, y una vez anotadas y comprobadas todas las características organolépticas (olor, sabor), anatómicas (textura, color, cambios de color, oxidaciones, etc.) y ecológicas (forma de crecimiento, hábitat, tipo de suelo, especie vegetal asociada, sustrato, etc.) del mismo, existen una serie de caracteres diagnósticos que hay que comprobar, relacionados con cada una de las partes y estructuras morfológicas que posee un carpóforo o seta «tipo». Todo ello ha de ser comparado con la ayuda de guías y claves para una correcta identificación. Los caracteres más informativos desde el punto de vista de la clasificación serían:

- **Himenio.** Tejido fértil que produce las esporas a partir de las células especializadas, y que puede presentarse a modo de láminas, tubos, aguijones, pliegues e incluso ser liso. Además, a causa de la deposición en masa de las esporas, éste puede adoptar diferentes colores al madurar.

- **Sombrero (Píleo).** Estructura (generalmente carnosa) que protege el himenio, pudiendo adoptar diferentes formas, colores y texturas.

- **Láminas.** Tipo de himenio más común entre las diferentes especies de setas, debiéndose observar su color, forma y modo de inserción al pie.

- **Poros y tubos.** Tipo de himenio más común entre los Boletales y Poliporáceos («hongos yesqueros», «cascos de caballo», etc.). Se debe considerar su longitud, forma, densidad, etc.

- **Pliegues y aguijones.** Tipo de himenio mucho menos común; se suele encontrar en géneros tan populares como *Cantharellus* («trompetas de los muertos», «rebozuelos») o en los géneros *Hydnum* e *Hydnellum* («gamuza», «lengua de vaca»).

- **Pie (estípite).** Estructura generalmente cilíndrica que soporta y eleva del suelo el sombrero; conviene observar su forma, longitud, textura o parte final. En él van insertados tres caracteres taxonómicos relevantes: anillo, cortina y volva.

- **Esporas.** Estructuras microscópicas encargadas de asegurar la dispersión y perpetuación de cada especie análogamente a como lo hacen las semillas de las plantas superiores. El color de las esporas en masa (esporada), es un carácter diagnóstico muy importante en hongos y puede ser observado y consignado por el aficionado, ya que los grandes grupos de hongos Agaricales se clasifican atendiendo al color de su esporada:

  - Blanca: *Amanita, Lepiota, Clitocybe*
  - Negra: *Coprinus, Panaeolus*
  - Rosada/Salmón: *Entoloma, Volvariella, Pluteus*
  - Ocre/Ferruginosa: *Cortinarius, Inocybe, Agrocybe*
  - Púrpura/Violeta: *Agaricus, Hypholoma*

En el himenio y acompañando a basidios o ascos pueden existir cistidios, células estériles microscópicas que tienen funciones variables durante la maduración del cuerpo fructífero.

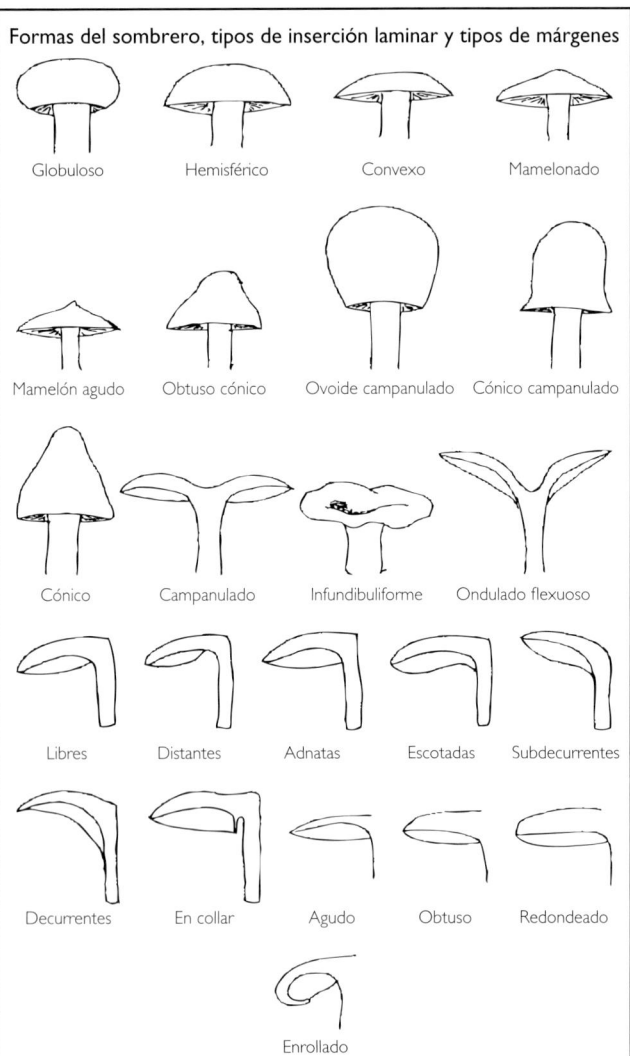

Formas del sombrero, tipos de inserción laminar y tipos de márgenes

Globuloso   Hemisférico   Convexo   Mamelonado

Mamelón agudo   Obtuso cónico   Ovoide campanulado   Cónico campanulado

Cónico   Campanulado   Infundibuliforme   Ondulado flexuoso

Libres   Distantes   Adnatas   Escotadas   Subdecurrentes

Decurrentes   En collar   Agudo   Obtuso   Redondeado

Enrollado

Micogastronomía

Setas comestibles y venenosas en el PN del Guadarrama

Hasta hace relativamente poco tiempo, en el conjunto de la Península Ibérica no estaba muy generalizado el consumo de setas, e incluso existía un cierto recelo hacia ellas en comunidades tradicionalmente micófobas como Galicia, aunque en comunidades como Cataluña o el País Vasco se consumen desde antaño, y existe una gran tradición y afición entre la población que incluso se transmite de generación en generación. La Comunidad de Madrid no cuenta con una gran tradición micológica popular, pese al hecho de que en el mundo rural se han recolectado y consumido con verdadera pasión e interés algunas especies desde antiguo, aunque en número muy restringido. Así, el catálogo de especies consumidas y apreciadas gastronómicamente por los aficionados y habitantes del entorno natural madrileño se limita a especies como la conocida seta de cardo (*Pleurotus eryngii*), seta de chopo (*Agrocybe cylindracea*), pie (pezón) azul (*Lepista nuda*), criadillas de tierra (*Terfezia spp.*), champiñón silvestre (*Agaricus campestris*) o níscalos (*Lactarius deliciosus*). En la actualidad, esta tendencia se está invirtiendo y en los últimos años cada vez son más los aficionados que salen a conocer y recolectar con fines gastronómicos y/o naturalistas un número cada vez mayor de setas silvestres en los diferentes ecosistemas regionales, con especial predilección por los territorios incluidos en el PN de la Sierra del Guadarrama.

De los varios cientos de especies de setas que fructifican espontáneamente en los diferentes bosques serranos, sólo un centenar de ellos merece la pena ser consumido; el resto suelen resultar demasiado pequeñas y poco carnosas,

Amanita phalloides (mortal) ●●●

Boletus edulis
(excelente comestible) ●●●

amargas, laxantes, indigestas o tóxicas. En realidad, éstas últimas representan sólo un pequeño porcentaje del total, ya que en general la mayoría de las especies que encontramos en el campo no presentan interés culinario alguno. Queremos hacer especial hincapié aquí en que no existe una regla general y universal para diferenciar con seguridad entre especies tóxicas y comestibles. El único método seguro para una correcta determinación y discriminación es hacerlo con la ayuda de la propia experiencia, el apoyo y asesoramiento de expertos y la consulta y manejo habitual de guías y claves para la identificación de especies. Por ello, debemos insistir en que la mayoría de las reglas populares para diferenciar entre ejemplares venenosos e inocuos que han llegado hoy en día hasta nosotros como los cambios de color con la cocción, el ennegrecimiento de la miga de pan o la clara de huevo, la presencia de color amarillento en los ajos que se cuecen conjuntamente con las especies tóxicas, etc., carecen de todo rigor y valor científico. Igualmente, son erróneas creencias tales como aquellas que afirman que las especies consumidas por ciertos animales no son tóxicas, ya que algunas especies no se ven afectadas por los mismos venenos que pueden intoxicar al hombre.

RECOLECCIÓN, TRANSPORTE Y PREPARACIÓN DE LOS EJEMPLARES

Un aspecto fundamental para obtener un buen resultado tras nuestras salidas al campo tiene que ver con la forma de recolectar, transportar, lavar y preparar nuestras setas. Igualmente, la elección de una adecuada modalidad de cocinado o método de conservación es clave para el pleno disfrute de la experiencia micológica. Aunque no existen reglas universales, daremos aquí algunos breves consejos y recomendaciones sobre como recolectar y manejar el material fúngico con fines gastronómicos:

- Recoger únicamente aquellas especies en las que estemos interesados, sin romper o dañar el resto de ejemplares que nos encontremos a nuestro alrededor.

- No recolectar nunca con fines gastronómicos una especie sobre la que tengamos la más mínima duda sobre su identidad taxonómica.

- Extraer la seta o fructificación entera, apartando con la mano el sustrato de alrededor, nunca cortando el pie a ras de suelo, ya que corremos el riesgo de pasar por alto (pueden permanecer enterradas) algunas estructuras útiles para la correcta determinación de

la especie como la volva, rizomorfos, estructuras de resistencia, etc., pudiéndonos llevar a identificaciones erróneas. En este punto debemos recordar que la búsqueda de setas empleando rastrillos o herramientas similares, está prohibida en numerosas zonas, ya que daña el micelio subterráneo, comprometiendo así la fructificación en años posteriores. El empleo de estas prácticas no sólo redunda en la caída de la productividad de las masas forestales, sino que debido al hecho de que muchas de las especies más buscadas y apreciadas establecen relaciones simbióticas con las especies forestales de las áreas donde prosperan (micorrizas), la destrucción de estos micelios micorrícicos perjudica y compromete el estado sanitario de los vegetales con los que conviven.

- No recoger carpóforos viejos, pasados, extremadamente secos, con mordiscos de animales u otros desperfectos.

- Evitar la recolección en zonas con riesgo de contaminación (industria pesada, minas, centrales nucleares, etc.). Hoy en día contamos con evidencias científicas sobre la capacidad del micelio de los hongos silvestres para incorporar a sus tejidos sustancias como metales pesados, partículas radioactivas, etc.

- El transporte de los ejemplares recogidos debe hacerse preferentemente en cestas (nunca en bolsas de plástico), las cuales permiten la aireación de los cuerpos fructíferos y evitan las presiones mecánicas de unas setas con otras, causa habitual de que un gran día de setas acabe en destino con una «papilla» de hongos fermentados al ser transportados incorrectamente.

- Si tras cocinar y degustar las setas recolectadas se experimenta algún tipo de molestia, se aconseja acudir lo más rápidamente posible al médico, habiendo tenido (en la medida de lo posible) la precaución de conservar en la nevera un carpóforo sin cocinar de entre los que se comieron. Mostrar algún fragmento no procesado al personal sanitario especializado puede evitar a menudo intoxicaciones y ahorrar un valioso tiempo a la hora de realizar un tratamiento adecuado en casos especialmente graves.

FLORA Y VEGETACIÓN

LA VEGETACIÓN DEL PN DE LA SIERRA DEL GUADARRAMA

La Comunidad de Madrid, (8000 km² de extensión), ocupa una posición central entre las dos mesetas castellanas. El relieve del territorio queda claramente definido por dos grandes unidades geomorfológicas; una alineación montañosa con orientación noreste-suroeste que configura el tramo madrileño del Sistema Central, y que hacia el sur del territorio en dirección a la cuenca del río Tajo se difumina en una extensa zona de campiñas y páramos atravesados por fértiles llanuras fluviales. Entre ambas zonas se dispone la denominada rampa serrana o piedemonte, discurriendo paralelamente a las distintas sierras y formando una zona de transición entre las mencionadas unidades paisajísticas. En la zona madrileña, el territorio protegido dentro de los límites del Parque Nacional incluye áreas y biomas tanto de la zona puramente serrana, como las cuencas altas de numerosos cauces fluviales insertos que atraviesan la mencionada rampa o piedemonte. En ambas vertientes del Parque existe un notable gradiente de factores bioclimáticos relacionados con la altitud, la orientación de las laderas o los tipos de sustrato, lo que influye de una parte en el régimen de temperatura y precipitación, y por otra condiciona la disposición de las diferentes formaciones o paisajes vegetales.

El PN de la Sierra del Guadarrama alberga una considerable riqueza de especies vegetales y diversidad de hábitats, pese al hecho de que es una zona que sufre una fuerte presión demográfica, y en donde la actividad humana se ejerce prácticamente en todo su territorio. Aún así, en estas formaciones puede todavía observarse un considerable número de hongos y setas silvestres casi en cualquier época del año y siempre que las condiciones de temperatura y humedad sean favorables. En el territorio han sido citadas unas 2500 especies de hongos, perteneciendo una gran mayoría de esas citas al área serrana objeto de la presente guía. Esto configura al PN como una zona muy diversa en términos micológicos, pese al hecho de que la creciente afición por la explotación de este recurso tanto con fines recreativos como comerciales, ha producido una sobreexplotación de determinadas zonas del Sistema Central, habiéndose reducido drásticamente la tasa y frecuencia de aparición de determinadas especies comestibles. Los aficionados y profesionales de la micología han venido constatando en los últimos años como ciertos táxones han pasado a ser considerados como raros o escasos en lugares donde hace tan sólo 15-20 años eran abundantes. En el interior del PN esta presión recolectora se ha hecho especialmente patente en ecosistemas como los pinares montanos de pino albar, las masas de rebollo de ambas vertientes o las extensas navas y praderías del piedemonte serrano.

Áreas de interés micológico del PN

Resultaría imposible realizar un inventario exhaustivo de las zonas o ecosistemas del Parque en donde podemos observar especies de setas silvestres, ya que estas colonizan y fructifican en todo tipo de bosques, sustratos y en casi todas las épocas del año. No obstante, el lector encontrará en este epígrafe una pequeña y somera descripción de áreas del PN (y zonas adyacentes) con interés para los aficionados a la micología en un sentido amplio; zonas donde en condiciones climáticas favorables pueden ser observadas especies de hongos y setas de valor gastronómico, o aquellas con una mayor diversidad de todo tipo de hongos superiores.

- Pinares de pino piñonero (*Pinus pinnea*) de la zona de Cenicientos y San Martín de Valdeiglesias: Estas masas forestales ocupan las laderas de las estribaciones más orientales del Guadarrama y la cuenca del Alberche, y son una buena zona para la observación y recolección de algunos táxones comestibles hasta la llegada de las primeras heladas en invierno.
- Pinares de pino albar (*Pinus sylvestris*) del Monte Abantos y alrededores del Escorial: En las laderas del citado monte y el pueblo del Escorial se encuentran unas excelentes representaciones de este tipo de bosque de coníferas montano dominante en muchas zonas de la sierra, en donde

se encuentra una buena representación del cortejo micológico asociado a estas coníferas de montaña, principalmente durante los meses de octubre y noviembre, siempre que el aporte hídrico sea constante y generoso durante el final del verano y todo el otoño.

- **Valle de la Fuenfría** (Cercedilla): Zona clásica entre los aficionados a la micología madrileños, caracterizada por sus densos bosques de pino albar que ocupan áreas bastantes extensas desde la zona de Las Dehesas hasta las laderas de la base de los Siete Picos. Aunque en los últimos años la sobreexplotación ha mermado considerablemente (en términos de cantidad y riqueza de especies) su cortejo de especies característico, la zona aún conserva un cierto atractivo para la observación de especies de otoño asociadas micorrícicamente al pino albar o que degradan su madera viva o muerta.

- **Valle de la Barranca**: Este valle orientado al sur en las proximidades del pueblo y embalse de Navacerrada constituye un interesante enclave para la observación y recolección micológica, ofreciendo la posibilidad de recolectar tanto especies pratícolas en las zonas más bajas del valle dominadas por pastizales abiertos más o menos nitrificados acompañados de matorrales de rosáceas, como especies fúngicas asociadas al pino albar.

- **Cumbre, circo y lagunas de Peñalara**: Esta zona de la comunidad, aunque protegida y regulada mediante legislación ambiental específica, permite observar (que no recolectar), tanto especies asociadas al pino albar como una serie de táxones muy interesantes asociados a las numerosas zonas higroturbosas (turberas) que ocupan las partes mas bajas de las cubetas glaciares de la zona de la laguna de Peñalara y de Los Pájaros. En estos hábitats fructifican principalmente en verano unas pocas especies que habitualmente pueden ser también encontradas en áreas montañosas peninsulares más septentrionales como el Pirineo.

- **Alrededores del puerto de la Morcuera**: La zona más o menos llana que discurre entre la zona alta del puerto de la Morcuera y el comienzo de la pista forestal que une este puerto con el vecino de Canencia, esta cubierta de un pastizal de montaña, habitualmente cubierto de nieve durante parte del otoño y el invierno, pero que durante finales de primavera y verano presenta unas interesantes formaciones higroturbosas que albergan un pequeño cortejo de especies de hongos asociados específicamente a esos hábitats.

- **Melojar, pinar y abedular relíctico del puerto de Canencia**: Todos los diferentes ecosistemas vegetales que atraviesa la carretera que asciende el puerto de Canencia presentan un gran interés desde el punto de vista micológico, ya que una excursión desde su parte baja hasta la parte más alta del puerto permite recolectar y observar numerosas especies de setas asociadas a jarales, melojares, pinares de pino albar o interesantes bosquetes

1. Abedular de Somosierra
2. Arroyo de cabecera con melojar, puerto de Canencia
3. Encinar de piedemonte en Cerceda
4. Pinar de pino piñonero en San Martín de Valdeiglesias
5. Ejemplares de pino albar en las Siete Revueltas

de abedul (situados en la zona alta del puerto y en determinados enclaves y a la orilla de regatos de montaña durante la bajada hacia el pueblo de Canencia). Además, al final del descenso de la vertiente norte podemos encontrar interesantes saucedas de montaña que albergan una micoflora muy particular y específica.

- **Fresnedas y melojares del bosque de La Herrería** (El Escorial): Estas formaciones vegetales situadas a la salida del mencionado pueblo y junto al conocido paraje de la «Silla de Felipe II» albergan una interesante micoflora, la mayor parte de ella observable durante los meses de otoño, y según los años, una serie de táxones primaverales sumamente interesantes y más escasos que suelen aparecer durante los meses de mayo y junio.

- **La Pedriza del Manzanares** y zonas adyacentes: Esta conocida y popular zona de la Sierra, aunque muy sobreexplotada y visitada, alberga aún masas notables de pino o buenas extensiones arbustivas (jarales principalmente), donde se pueden encontrar principalmente en otoño numerosas especies asociadas a estas formaciones, especialmente en la pedriza anterior. Además del mencionado macizo granítico, los alrededores de la zona poseen un gran interés micológico, en especial los numerosos encinares naturales o adehesados situados en navas y dehesas boyales de Cerceda, Moralzarzal, El Boalo y Matalpino, que a veces aparecen mezclados con manchas de melojo y fresnedas de fondo de valle, donde desde finales de verano y hasta principios del invierno pueden observarse numerosas especies de macromicetos.

- **Abedular y robledal de Somosierra**: En los alrededores del puerto de Somosierra se encuentra una de las formaciones vegetales más singulares e interesantes de nuestra Comunidad. Junto al puerto, la visita del paraje conocido como Dehesa Bonita constituye una interesante excursión tanto desde el punto de vista botánico como micológico, en donde encontramos hongos asociados a la importante masa forestal de abedul (*Betula alba*) de la zona, que suele estar mezclada con el avellano (*Corylus avellana*) en los fondos de valle y en altura con el roble albar (*Quercus petraea*), además de táxones asociados a pequeños bosquetes de acebo (*Ilex aquifolium*) entremezclados con las especies arbóreas mencionadas.

- **Hayedo de Montejo de la Sierra**: Aunque fuera de los límites del PN, es una de las zonas de interés botánico más visitadas y conocidas de la Comunidad, configurándose como uno de los hayedos más meridionales europeos, situado en el paraje conocido como el Monte del Chaparral, catalogado en la actualidad como Sitio Natural de Interés Nacional. Aunque la recolección de fauna y flora está prohibida en su interior, es sin duda un lugar privilegiado para la observación de especies de hongos asociadas saprofítica y simbióticamente al haya (*Fagus sylvatica*).

- **Pastizales y navas de Colmenar Viejo**: La actividad ganadera de esta zona del piedemonte serrano situada en los términos municipales de Colmenar Viejo, Hoyo de Manzanares o los alrededores de la Sierra de Hoyo de Manzanares, configuró un paisaje muy particular, donde coexisten grandes extensiones no arboladas de composición florística característica por la presión del ganado, junto con algunas representaciones de dehesas abiertas, donde pueden ser observadas numerosas especies de setas pratícolas, junto con algunos táxones coprófilos o subcoprófilos asociados al estiércol del ganado.
- **Bosques de galería** situados en las riberas del Manzanares y el Guadarrama: En los tramos medios de los mencionados ríos y a su paso por la rampa serrana, quedan aún representaciones notables de bosques de galería junto a los cursos fluviales con diferentes bandas de vegetación correspondientes a diferentes especies arbóreas (choperas, saucedas, alamedas, olmedas, etc.) situadas a diferente distancia del cauce según su tolerancia a la cantidad de agua del subsuelo. En estos sotos se pueden observar numerosas especies asociadas a chopos, álamos, fresnos, etc., además de una buena representación de especies lignícolas, muy frecuentes en estos hábitats en donde existe gran cantidad de restos de madera de diferente tipo durante todo el año.

Parte descriptiva. Grupos de hongos tratados en la guía

Para la elaboración de la parte descriptiva de la presente guía, hemos seguido una serie de criterios que permitiesen realizar una selección de parte de la diversidad fúngica del PN de la Sierra del Guadarrama que, desde luego es más amplia que la aquí tratada, y no puede ser abordada desde la perspectiva de una guía de campo con carácter divulgativo. El criterio básico para la elección de las 101 especies del presente trabajo tiene que ver con el hecho de que éstas debían ser relativamente abundantes en los ecosistemas vegetales del Parque Nacional y fáciles de reconocer en el campo por los aficionados. De este modo, la parte descriptiva incluye una mayoría de especies comunes o muy comunes en el territorio serrano, tratando en la medida de lo posible de incluir especies representativas de los grandes grupos de táxones silvestres. El esquema taxonómico adoptado para agrupar las especies tratadas sigue las clasificaciones más clásicas en hongos superiores, subdividiendo en un primer lugar los táxones de la guía en **Ascomicetes** y **Basidiomicetes**, para establecer además una serie de subdivisiones en este último grupo.

Los Ascomicetos productores de ascos y ascósporas tratados aquí, son sólo una mínima representación de la diversidad existente en el grupo, sin duda el más extenso del reino Fungi. Las especies de la presente guía son las más comunes y fáciles de reconocer habitualmente en el territorio, bien por poseer un tamaño suficiente para ser visibles sobre el terreno sin necesidad de emplear ningún tipo de técnica especial de muestreo, por sus caracteres macroscópicos, etc. En lo referente a los Basidiomicetos u hongos productores de basidios y basidiósporas y asumiendo que hoy en día la taxonomía más actual considera las subdivisiones tradicionales como artificiales, hemos preferido retener un esquema tradicional para referirnos a este amplio grupo, subdividiendo en primer lugar las especies de la guía en Heterobasidiomicetos, representados aquí por un pequeño grupo de especies denominadas habitualmente como «hongos gelatinosos» por el aspecto de sus cuerpos fructíferos, y que todos ellos presentan como característica común la posesión de basidios tabicados. Junto a éstos, el resto de especies de basidiomicetos son reunidas en el grupo de los Homobasidiomicetos o especies con basidios no tabicados. Los táxones de este grupo se han agrupado siguiendo el criterio más tradicional y manejado habitualmente por el aficionado, que incluye al menos tres grupos, establecidos cada uno de ellos en función del tipo de desarrollo de sus fructificaciones:

- **Agaricales** (en sentido amplio): se incluirán aquí las especies con fructificaciones generalmente de consistencia blanda, carnosa y fácilmente putrescible. El grupo integra los denominados Agaricales («agáricos»), junto con Russulales («rúsulas») y Boletales («boletos»), el conjunto de los cuales la mayoría de los aficionados conoce y denomina como «setas».

- **Aphyllophorales**: incluye a las especies que presentan un desarrollo desnudo de sus carpóforos, con superficies himeniales generalmente irpicoides (agujas), poroides, laberintiformes, etc., y con cuerpos fructíferos en forma de costra, resupinados, ungulados, de maza, coraloides, etc. Todas estas especies se denominan popularmente como «poliporos», «hongos yesqueros», «cascos de caballo», etc.

- **Gasteromicetos** (Gasterales): este grupo incluye especies de basidiomicetos con un desarrollo encerrado de sus fructificaciones, incluyendo las especies conocidas vulgarmente como «bejines», «estrellas de tierra», «cuescos de lobo», «hongos nido», etc.

Junto con cada ilustración se han tratado de describir los caracteres macroscópicos que más ayudan a caracterizar cada especie, empleando para ello un lenguaje que, aunque no esta exento de una cierta terminología «estándar» en taxonomía fúngica (definida en un breve glosario de términos micológicos), ha tratado de huir de términos excesivamente técnicos y/o científicos. Para cada taxon se aportan indicaciones sobre su ecología, zonas de aparición en el PN, su época de fructificación, tipo de huésped en su caso, toxicidad y/o comestibilidad, etc., además de una síntesis de los caracteres que permiten diferenciar cada especie de otras morfológicamente afines.

1. Ascomicetos
2. Heterobasidomicetos
   («hongos gelatinosos»)
3. Boletal
4. Russulal
5. Agarical
6. Aphyllophoral
7. Gasteromicetos

● *Aleuria aurantia* L.

Peziza anaranjada, cazoleta

Ascocarpos	De 2-10 cm de diámetro, generalmente con forma de copa, de redondeados a sinuosos o lobulados, sésiles y con tendencia a abrirse y aplanarse en ejemplares más desarrollados, con el borde liso o finamente afieltrado.
Himenio	Liso, de tonos naranja vivo a rojo-anaranjado; superficie externa débilmente furfurácea en los mismos tonos o algo más pálida.
Carne	Fina, frágil, con olor fúngico débil y sabor dulce.
Observaciones	Fructifica en grupos a veces numerosos desde el final del verano y hasta el otoño, saprofíticamente sobre el suelo desnudo, a menudo en zonas removidas en el borde de cursos de agua. Es un taxon bastante común en el territorio serrano, especialmente en bosques de coníferas.

Es una especie muy fácil de reconocer sobre el terreno, caracterizada por sus ascocarpos sésiles de un llamativo color naranja vivo, que fructifican en grupos numerosos y apretados, directamente sobre el suelo. Puede confundirse con otras «pezizas» rojizas o anaranjadas de similar tamaño (p. ej. *Sarcoscypha coccinea* (Scop.) Sacc.), pero estas suelen poseer un pie más o menos desarrollado y un hábitat lignícola sobre restos variados de madera. *Aleuria aurantia* es considerada como comestible en crudo, aunque de baja calidad por su escasa e insípida carne.

Helvella leucomelaena (Pers.) Nannf.

Orejón, peziza en forma de copa, pucheruelo, cazoletas

Ascocarpos   De 1-3(4) cm de altura y 1-4 cm de ancho, con pie corto y rudimentario, recorrido en su parte basal por costillas poco patentes, parcialmente embebidos en el sustrato, con forma de cúpula o copa más o menos regular, con el borde dentado o crenulado.

Himenio   Liso, de tonos pardo grisáceos o pardo-negruzcos; superficie externa finamente furfurácea de color gris-parduzco, más claro (crema o albaricoque) hacia la base.

Carne   Frágil de color gris-blanquecino, sin olor ni sabor particulares.

Observaciones   Fructifica de forma gregaria en primavera, principalmente en zonas forestales abiertas, márgenes de caminos, etc., con preferencia por los sustratos de textura arenosa. Es bastante frecuente, en especial bajo pinos en suelos arenosos de la rampa serrana.

Se caracteriza por sus apotecios gregarios con pie rudimentario surcado por costillas muy poco patentes y por su himenio de tonos pardo-negruzcos que suelen aparecer semienterrados en el sustrato durante gran parte de su desarrollo. Está considerada como un comestible mediocre tras una larga cocción.

●●● *Morchella conica* Pers.

Colmenilla cónica, colmenilla gris, cagarria, morilla, cespaño, patorrilla

Ascocarpos
Estipitados, de 5-10 (15) cm de altura y de morfología variable, con el sombrero de 4-7 x 2-5 cm, cónico y con el ápice más o menos obtuso.

Himenio
De color pardo-ocráceo, pardo-negruzco o negruzco, en forma de panal de abejas con costillas patentes longitudinales y transversales, más o menos paralelas entre sí, que delimitan alveolos rectangulares o cuadrados bastante profundos.

Pie
Cilíndrico y con la base claviforme, hueco, con la superficie atravesada longitudinalmente por surcos, de aspecto verrugoso-pruinoso, de tonos blanquecinos, crema o crema-ocráceo.

Carne
Muy frágil, con olor y sabor banales.

Observaciones
Fructifica aislada o en grupos pequeños durante la primavera, asociada frecuentemente a bosques de ribera (alisedas, choperas, olmedas, etc.), resultando más rara bajo coníferas. En el Guadarrama es común, tanto en bosques de galería junto a cursos de agua, como en pinares sobre sustratos algo arenosos.

Se caracteriza bien sobre el terreno por su píleo cónico de ápice no muy agudo, y por su himenio delimitado por costillas más o menos paralelas. Comestible excelente, a condición de ser cocinada previamente como el resto de especies del género, debido a que éstos contienen diferentes hemolisinas que son desactivadas con el calor.

Ascocarpos	Sésiles, epigeos, más o menos cupuliformes o a veces abiertos lateralmente, de 3-5 cm de diámetro, con la superficie externa de tonos pardo-oliváceos o pardo-castaño oscuros, de aspecto afieltrado o furfuráceo, con el margen ondulado; superficie interna (himenio) del mismo color y lisa.
Carne	Frágil que segrega un líquido parduzco al deshidratar, con olor y sabor banales.
Observaciones	Fructifica de forma aislada o en pequeños grupos durante el otoño, de forma saprofítica en suelos de textura arenosa en bosques húmedos, en especial de caducifolios. En nuestra región es relativamente rara, aunque puede ser observada en robledales (*Quercus pyrenaica*, *Q. petraea*) de la sierra del Guadarrama.

Se caracteriza por su fenología otoñal y la presencia de ascósporas ornamentadas. A menudo es confundida con *Peziza badioconfusa* Korf., más común y con ascósporas verrugosas, tonos azul-lilacinos en su carne y fenología primaveral. *Peziza badia* no tiene ningún interés como comestible.

Sarcoscypha coccinea (Scop.) Sacc.
Peziza escarlata

Ascocarpos	Sésiles, en forma de apotecios de 1-8 cm de diámetro, al principio acopados o embudados y finalmente aplanados, con el margen crenulado y a veces con un pseudopie corto y rudimentario; superficie interna (himenio) lisa, de color rojo-escarlata o rojo-vivo; superficie externa de tonos blanquecinos o cremosos y de aspecto flocoso o granuloso.
Carne	Elástica y fibrosa, de color amarillento o anaranjado y sin olor ni sabor destacables.
Observaciones	Fructifica aislada o más comúnmente en pequeños grupos durante el deshielo en el final del invierno y en primavera, sobre restos leñosos semienterrados o en superficie, generalmente en bosques de caducifolios. En el área serrana es relativamente frecuente, siempre en épocas frías y tanto en bosques de planifolios en zonas de montaña como en formaciones esclerófilas más mediterráneas.

Es prácticamente inconfundible sobre el terreno por el característico tono rojo-escarlata de sus apotecios y su hábitat lignícola. No posee interés alguno como comestible.

Spathularia flavida Pers.
Espatularia

Ascocarpos   De 2-7 cm de altura, con sombrero o cabeza fértil de 1-3 cm, aplastada y comprimida, con aspecto de abanico o espátula, con la superficie lisa o recubierta de pliegues o dobleces dispuestos irregularmente, de color amarillo-vivo o amarillo-ocráceo, brillante y de consistencia gelatinosa

Pie   Bien definido, corto, de 2,5-0,4 cm, atenuado en la base, con superficie lisa o levemente furfurácea y de tonos blanquecinos o cremosos.

Carne   Delgada, gelatinosa, sin olor ni sabor destacables.

Observaciones   Fructifica de forma aislada o en grupos de pocos individuos en otoño, de forma saprofítica sobre humus o briófitos en bosques de coníferas. Es más bien rara, y aparece en zonas húmedas de pinares de montaña en la sierra del Guadarrama.

Es inconfundible en el campo por sus carpóforos amarillentos y comprimidos en forma de espátula o abanico, que fructifican generalmente en bosques de coníferas de montaña. No posee interés culinario alguno.

•• *Gyromitra esculenta* (Pers.) Fr.
Bonete, falsa colmenilla

Ascocarpos	Estipitados con un sombrero o cabeza soldada al pie, de contorno muy irregular, generalmente de forma cerebriforme, de 1-2 x 5-7 cm, con la superficie himenial de tonos rojo-ocráceos a pardo-rojizos e incluso pardo oscuro, lisa y tapizando numerosos pliegues e irregularidades del píleo.
Pie	De 2,5-6 x 0,6-3 cm, blanquecino, surcado sobre todo hacia la base y hueco.
Carne	Blanquecina en el interior del píleo y el pie, de olor fuerte pero agradable y sabor dulce.
Observaciones	Fructifica en grupos pequeños durante la primavera, de forma saprofítica en suelos ricos en materia orgánica bajo coníferas, con preferencia por los sustratos ácidos. En la sierra del Guadarrama no es muy común, pero fiel a sus hábitats característicos en bosques montanos de pino albar.

Se caracteriza por sus ascocarpos estipitados de aspecto cerebriforme en tonos pardo-rojizos, su época de aparición estival y la preferencia por los sustratos ácidos en bosques de coníferas. Las especies del género *Gyromitra* han sido durante largo tiempo buscadas y consideradas como buenos comestibles por el sabor aromático de su carne, pero tras una prolongada cocción que permitiese desactivar la acción de sus toxinas hemolíticas (giromitrinas); esta circunstancia, unida al hecho de que hoy se sabe que poseen otras moléculas potencialmente cancerígenas, desaconsejan totalmente su consumo en la actualidad.

● *Tremella mesenterica* Retz.

Gelatina amarilla

Basidiocarpos   De aspecto cerebriforme en fresco y con humedad, formados por lóbulos o pliegues más o menos marcados de consistencia gelatinosa, unidos al sustrato formando fascículos, de un llamativo color amarillo-dorado más o menos pálido o amarillo-vitelino, más raramente blanco-amarillento, de 1-7(12) x 2-4 cm, con la superficie fértil (himenio) lisa, blanda y gelatinosa, dispuesta en la cara superior de los lóbulos.

Observaciones   Aparece de forma solitaria durante todo el año si las condiciones lo permiten, saprofíticamente sobre madera muerta o caída de un amplio rango de especies de planifolios, en especial Fagáceas. En el Guadarrama es muy frecuente, principalmente sobre madera de diferentes especies de *Quercus* (encinas, melojos, alcornoques, etc.).

Es prácticamente inconfundible en el terreno, bien conocida por los aficionados y no apreciada como comestible, aunque en algunos países del este asiático es utilizada en numerosas recetas a pesar de la consistencia gelatinosa de sus cuerpos fructíferos.

●●● *Boletus edulis* Bull.

Calabaza, boleto comestible,
faisán, viriato

Píleo De 8-20 cm con superficie levemente villosa y de tonos crema-ocráceo, pardo-ocráceo o incluso pardo-oliváceo al principio, tornándose a pardo-avellana o pardo-rojizo pálido con la edad, más oscuro hacia la parte central; hemisférico al principio, luego convexo; cutícula seca y lisa, algo viscosa con humedad.

Himenio Con poros blancos o crema pálido, decolorando con la edad y la manipulación a blanco-grisáceo sucio.

Pie De 6-8 cm x 2-4 cm, blanquecino a crema-ocráceo pálido, más claro hacia la base, cubierto con un retículo blanquecino en su totalidad, grueso, robusto, cilíndrico y algo ventrudo o claviforme en la base.

Carne Blanca o tornándose blanco-vinoso al corte, firme y densa al principio, luego más esponjosa en ejemplares maduros, de sabor y olor agradable y fúngico, recordando al de las avellanas.

Observaciones Especie de gran porte, con píleo mate y untuoso de característicos tonos pardo-castaño o crema-pardo con poros y retículo del pie blanquecinos, que fructifica desde verano a otoño de forma solitaria o en pequeños grupos, tanto bajo frondosas (fagáceas, betuláceas) como coníferas (*Pinus* spp., *Abies*, etc.). En el Guadarrama era bastante frecuente hasta hace no mucho tiempo bajo todo tipo de bosques, pero la presión recolectora ha hecho que sea una especie difícil de encontrar en los últimos 5-10 años.

Es sin duda una de las especies más conocidas y buscadas por los aficionados, considerada como un excelente comestible y con gran prestigio culinario, tanto cocinada como en crudo. Existen numerosas variantes (algunas tratadas en la presente guía) descritas para *B. edulis* que se diferencian según su variabilidad en cuanto a ciertos caracteres o apetencias ecológicas, y que para muchos autores no constituyen sino diferentes formas ecológicas del mismo taxon.

Pie rojo, boleto de pie rojizo, boleto punteado

Píleo De 5-10 cm, cutícula mate, pardo oscuro y a veces con tintes oliváceos, más ocráceos hacia el margen; superficie levemente velutinosa cuando joven, luego lisa y grasienta, algo viscosa en tiempo húmedo.

Himenio Con poros de tonos naranja-rojizos al principio, adquiriendo tonos pardo-herrumbre con la edad y manchándose rápidamente a azul oscuro o negro azulado con los roces, circulares y pequeños.

Pie De 5-14 cm x 2-5 cm, de tonos amarillentos hacia la base y pardo-ocráceo en el resto, densamente cubierto por gránulos rojizo-anaranjados sin llegar a formar un retículo.

Carne Amarillenta, oxidándose rápidamente y tornándose azulada tras el corte, espesa y firme, de olor y sabor no apreciables.

Observaciones Especie de gran tamaño, caracterizada por su píleo pardo oscuro mate, sus poros rojo-anaranjados y la presencia de gránulos del mismo tono en la totalidad del pie, fructificando desde el final del verano a principios de otoño en pequeños grupos en suelo ácido bajo coníferas de montaña y diferentes especies de frondosas. En el Guadarrama es bastante frecuente en todo tipo de bosques.

Es considerado como un buen comestible después de ser cocinado, pese a los tonos azulados de su carne al corte. Aunque es una especie fácilmente reconocible en nuestros bosques, es necesario conocerla bien antes de consumirla, ya que se puede confundir con otras especies del género con poros del mismo tono pero tóxicas (*Boletus luridus* Schaeff.; *Boletus queletii* Schulzer, etc.).

●●● *Boletus pinophilus* Pilát & Dermek
Boleto del pino, boleto rojizo

Píleo   De 10-25 (30) cm, primero hemisférico o globoso, más tarde convexo y finalmente pulvinulado o incluso aplanado;
superficie lisa o levemente tomentosa, ligeramente víscida
con la humedad, con tonos pardo-rojizos, leonado-rojizos
o castaño-rojizos, más pálidos (pardo-anaranjados) al envejecer.

Himenio   Con poros pequeños, apretados, de color al principio blanquecino y finalmente amarillo-oliváceo.

Pie   De 8-15 x 3-12 cm, de ventrudo a claviforme o incluso subci-
líndrico, grueso, muy firme y robusto en ejemplares jóvenes, de tonos pardo-rojizos a pardo claro con un retículo
completo con tonos rojizos más marcados hacia el ápice.

Carne   Maciza, firme, densa al principio y más esponjosa al madurar,
de tonos blanquecinos y con olor y sabor suaves, fúngicos
y afrutados.

Observaciones   Aparece aislado o en pequeños grupos desde finales de primavera hasta el final del otoño, típicamente bajo coníferas en
montaña (en especial bajo *Pinus sylvestris*) sobre sustrato
ácido, aunque también se asocia a diversas especies de planifolios (robles, hayas, etc.). Es una especie poco común,
asociada generalmente a pino albar en áreas montañosas de
la sierra de Guadarrama, mucho más rara que otros táxones del grupo *edulis*

Es una especie perteneciente al mencionado complejo *edulis*, caracterizado por
la coloración pardo rojiza de su píleo, el porte robusto de sus carpóforos y
los tubos preferentemente amarillentos. Está considerado como un excelente
comestible, de calidad similar a *Boletus edulis* Bull.

●● *Boletus regius* Krombh.
Boleto real

Píleo	De 5-10 (20) cm, primero hemisférico, luego convexo a ondulado o ligeramente lobulado en ejemplares más maduros, superficie afieltrada en individuos jóvenes, lisa, seca y brillante al madurar, con unos típicos tonos rosado-vinoso a púrpura e incluso rojo-violáceo, más pálidos hacia el margen.
Himenio	Con poros pequeños, apretados y redondeados de color amarillo-dorado que azuleen levemente al contacto.
Pie	De 5-12 x 2-6 cm, robusto, fusiforme con la base ligeramente radicante de tonos amarillo-citrinos con un fino retículo del mismo color, manchándose de rojo-vinoso con el roce.
Carne	Densa y compacta de color amarillo-limón, con tonos púrpura bajo la superficie del píleo y levemente rosada hacia la base del pie, a veces azuleando al corte, con olor y sabor suave y algo afrutado.
Observaciones	Especie típicamente estival, fructificando hasta finales de otoño en algunos años, siempre sobre sustratos ácidos y asociada simbióticamente a numerosos géneros de Fagáceas (*Fagus*, *Quercus*, *Castanea*, etc.) y preferentemente en pisos montanos. Es un taxon raro, pero algunos años llega a ser abundante en melojares (*Quercus pyrenaica*) de la sierra de Guadarrama.

Es considerado como un buen comestible, aunque de una calidad inferior a las especies del complejo *edulis*, aunque su rareza y posibles confusiones con otras especies tóxicas del género (*Boletus aemilei* Barbier, *Boletus appendiculatus* Schaeff., etc.) desaconsejan su consumo.

●●● *Boletus reticulatus* Schaeff.

Boleto reticulado estival,
hongo reticulado

Píleo   De 8-25 cm, al principio hemisférico, luego aplanado-pulvi-
nado de superficie lisa, finamente afieltrada y escuamulosa
hacia el centro, a menudo rota en placas al secar, de tonos
café con leche pálidos a pardo-tabaco oscuro.

Himenio   Con poros blanquecinos a blanco-grisáceos e incluso blanco-
amarillentos al principio, tornándose rápidamente verde-
amarillento a verde-oliva al madurar.

Pie   De 8-20 x 3-8 cm, primero ventrudo, más tarde cilíndrico,
levemente curvado en ejemplares viejos, con la superficie
externa pardo-grisácea pálida, recubierta enteramente de
un fino retículo blanquecino hacia el ápice, más pardo debajo con la base blanquecina.

Carne   Blanquecina a blanco-crema, inmutable al corte, esponjosa y
densa con olor fúngico agradable y sabor que recuerda al
de las avellanas.

Observaciones Fructifica en grupos de varios ejemplares en bosques de planifolios (*Fagus, Quercus, Betula*, etc.) típicamente desde el
final de la primavera y durante todo el verano sobre sustrato ácido y en hábitats de media montaña. Relativamente
frecuente en melojares de las faldas de la sierra de Guadarrama.

Es una especie veraniega perteneciente al complejo *edulis*, considerada por muchos como incluso de mejor calidad que *Boletus edulis* Bull., del que puede dis-
tinguirse, además de por su época de aparición, por el aspecto seco y levemente
tomentoso del sombrero, y su retículo en el pie mucho más marcado que en la
citada especie.

Píleo	De 10-25(39) cm, primero hemisférico, luego aplanado-pulvinado y abollado irregularmente; superficie lisa y afieltrada, mate o levemente brillante en tiempo húmedo, de tonos blanco-crema manchada por zonas con tintes oliváceos o incluso pardo claro, a veces teñido de tonos rosa-carmín hacia el margen.
Himenio	Con poros intensamente amarillos al principio, luego tornándose rojizos o rojizo-anaranjados hacia el margen en ejemplares maduros.
Pie	De 10-12 x 5-10 cm, de bulboso a ventrudo, amarillo dorado en el ápice, tornándose progresivamente rojo carmín hacia la base o con tonos blanquecinos.
Carne	Compacta al principio, luego esponjosa al madurar, blanquecina, azuleando rápidamente al corte. Olor nauseoso, desagradable e incluso fétido en ejemplares muy maduros y sabor dulce y agradable.
Observaciones	Fructifica aislado o en grupos en bosques de frondosas (sobre *Fagus* y *Quercus* principalmente) en ambientes termófilos desde el final del verano al otoño. En el área serrana es más bien rara, localizada habitualmente en encinares térmicos bajo suelos básicos.

Es la especie de boleto tóxico más conocida, reconocible por la presencia de un sombrero de tonos pálidos, nunca con tonos rojizos o anaranjados, pie obeso y robusto con dos tonos bien diferenciados o su hábitat calcícola en bosques termófilos. *Boletus satanas* y algunas otras especies relacionadas (e.g. *Boletus luridus* Schaeff.) provocan graves trastornos y/o síndromes de tipo intestinal que en la mayoría de las ocasiones no suelen resultar fatales.

● *Chroogomphus rutilus* (Schaeff.) O. K. Miller
(=*Gomphidius viscidus* (L.) Fr.)

Gonfidio
viscoso

Píleo	De 4-8(10) cm de diámetro, hemisférico o cónico cuando joven, luego aplanado y turbinado, fuertemente mamelonado en el centro o incluso algo deprimido; superficie lisa, brillante, viscosa en tiempo húmedo, débilmente escuamulosa con fibrillas radiales innatas, de tonos pardo-grisáceos o pardo-ocráceos y el margen agudo y unido al pie en ejemplares jóvenes por un velo cortiniforme de tonos ocráceos.
Himenio	Con láminas anchas, decurrentes y con tonos ocre-oliváceos al principio, luego gris-oliva o gris-negruzco y con la arista entera.
Pie	De 5-12 x 0,6-1,5 cm, cilíndrico, atenuado en la base, firme, lleno, con la superficie fibrilosa y de tonos ocre-anaranjados, un poco vinosos en el ápice y más amarillentos en la base, ornamentado con restos del velo que forman una zona anular en el ápice de los ejemplares jóvenes, con un micelio teñido de rosáceo en la base.
Carne	Densa, de color ocre-olivácea a salmón, tiñéndose de violeta con la masticación, de olor nulo y sabor dulce que recuerda al de las avellanas.
Observaciones	Fructifica en verano y otoño asociado a pinos de dos acículas, indiferente al tipo de sustrato. Especie muy común en pinares montanos de la sierra, donde en algunos años puede aparecer de forma masiva formando grupos muy numerosos.

Es un taxon mucho más común que *Chroogomphus helveticus* (Singer) M. M. Moser, del que se diferencia porque este último no posee un sombrero viscoso incluso con humedad. Además, *Chroogomphus rutilus* presenta hifas amiloides teñidas de azul con el reactivo Melzer en su cutícula, carácter ausente en *C. helveticus*. Ambas especies son consideradas como comestibles mediocres.

Falso rebozuelo, rebozuelo anaranjado

Píleo   De 3-6,5 cm de diámetro, convexo cuando joven, luego deprimido en el centro o infundibuliforme y algo sinuoso; superficie piléica finamente afieltrada, de color amarillo-huevo, amarillo-anaranjado o naranja vivo.

Pie   De 1-4 x 0,5-1,5 cm, atenuado hacia su base, cilíndrico o flexuoso, liso, de color pardo-anaranjado, cartilaginoso o algo coriáceo.

Himenio   Con láminas anchas, bastante espaciadas, de tonos amarillo-naranja, densamente bifurcadas y levemente decurrentes.

Carne   Gruesa, elástica, de color amarillento a crema, olor débil o un poco desagradable y sabor banal.

Observaciones   Aparece aislado o en pequeños grupos principalmente en otoño, sobre el humus o degradando madera en estados de descomposición muy avanzados, generalmente de coníferas en ecosistemas de montaña, resultando muy abundante en los pinares de montaña del Guadarrama sobre restos muy descompuestos de madera de *Pinus*.

Es un taxon muy común en pinares de montaña, que puede ser confundido con el verdadero rebozuelo, *Cantharellus cibarius* Fr., pero que sin embargo suele presentar colores más claros en sus fructificaciones y que, además, posee pliegues himeniales irregulares en lugar de verdaderas láminas. Es una especie citada por algunos autores como comestible de baja calidad y que, según otros, podría tener un cierto efecto laxante.

● *Leccinum scabrum* (Bull.) Gray
Boleto áspero

Píleo De 7-10 (15) cm, hemisférico cuando joven, luego convexo-pulvinado, con la superficie lisa, finamente afieltrada a glabra, resquebrajada en ejemplares más viejos, untuosa con humedad y de tonos pardo-grisáceos a pardo-rojizos.

Himenio Con poros finos, circulares, primero blanquecinos y más tarde grisáceos o grisáceo-amarillentos.

Pie De 6-10 (15) x 1,5-3 cm, firme, cilíndrico o ensanchado en la base; superficie con escamas ásperas de color pardo-grisáceo o gris-negruzco sobre fondo blanquecino o levemente amarillo.

Carne Firme al principio, luego más esponjosa, de blanquecina a gris-blanquecina inmutable o enrojeciendo levemente, de olor aromático y sabor dulce, acídulo.

Observaciones Fructifica generalmente aislado durante el verano y hasta la mitad del otoño, asociado micorrícicamente al abedul (*Betula* spp.), con preferencia por los sustratos ácidos. En la sierra de Guadarrama es relativamente abundante en masas relícticas de abedul.

Es una especie bien caracterizada por su ecología asociada al abedul, el leve enrojecimiento al corte de su carne o los tonos parduzcos del sombrero. Considerado como comestible, aunque muy mediocre debido a la dureza y fibrosidad de su carne.

●● *Omphalotus olearius* (DC.) Singer
Seta del olivo

Píleo	De 8-12(15) cm de diámetro, al principio pulvinado o plano-convexo, rápidamente deprimido o umbilicado e infundibuliforme; superficie lisa o finamente fibrilosa, glabra y de tonos anaranjados, más oscuros en el centro.
Himenio	Con láminas delgadas, apretadas, decurrentes, de color naranja vivo, amarillo-anaranjado o incluso azafrán.
Pie	De 5-10 x 1-1,5 cm, generalmente excéntrico, cilíndrico-fusiforme, algo atenuado en la base, de color pardo-anaranjado o pardo-ferruginoso con máculas pardo-rojizas distribuidas irregularmente, fibroso y macizo.
Carne	Gruesa, elástica, de tonos anaranjados a pardo-rojizos en el estípite, de olor desagradable rancio y aceitoso y de sabor acre.
Observaciones	Fructifica en grupos fasciculados durante el otoño y hasta bien entrado el invierno en bosques esclerófilos de ambiente mediterráneo, saprofíticamente sobre tocones o raíces muertas de diversos árboles (encinas, quejigos, alcornoques, olivos) o arbustos (jaras, lentiscos). En el Guadarrama no es muy abundante, pudiendo ser observada en las zonas más bajas del parque nacional.

Se caracteriza por su píleo y pie de tonos pardo-anaranjados más o menos vivos, sus láminas estrechas y fuertemente decurrentes de color naranja vivo y un típico hábitat sobre tocones y raíces semienterradas de varias especies de árboles y arbustos de ambiente mediterráneo. *Omphalotus olearius* es una especie tóxica cuya ingestión provoca un síndrome mixto que produce alteraciones psíquicas acompañadas de severos trastornos gastrointestinales.

●● *Paxillus involutus*
(Batsch) Fr.
Paxilo enrollado,
seta enrollada

Píleo	De 4-10 (15) cm de diámetro, al principio convexo, luego aplanado o deprimido en el centro, a menudo con un mamelón obtuso, con la superficie lisa, fibrilosa en seco y algo viscosa en tiempo húmedo, de tonos ocre a pardo-oliva oscuros, pardo-rojizo e incluso amarillo-ocráceo, manchándose por zonas al contacto.
Himenio	Con láminas densas, numerosas, decurrentes a lo largo del pie, con tonos amarillento-ocráceos que se manchan de pardo-rojizo a chocolate al ser manipuladas, con frecuencia bifurcadas y anastomosadas.
Pie	De 3-8 x 0,7-2 cm, cilíndrico, central o levemente excéntrico, corto y con la base engrosada, de superficie amarillo-grisácea a pardo-ocrácea, liso, manchándose de pardo oscuro con el roce.
Carne	Amarillo-pálido a pardo-amarillento claro, densa, esponjosa, de olor afrutado, aromático y sabor fúngico, dulce y algo astringente.
Observaciones	Fructifica durante todo el verano y otoño en sustratos preferentemente ácidos, asociada tanto a especies de coníferas como planifolios, aunque en el Guadarrama es particularmente frecuente bajo especies del género *Populus* (álamos y chopos) o *Betula* (abedul).

Es un taxon frecuente y fácil de recolectar en el Guadarrama. Puede ser reconocida por los tonos pardo-amarillentos de sus carpóforos, el píleo deprimido o sus láminas fuertemente decurrentes que se manchan con la manipulación. Fue considerado durante largo tiempo como una especie comestible tras ser hervido y retirando el agua de cocción para eliminar su toxina. No obstante, en la actualidad se desaconseja su consumo, ya que en crudo estas toxinas pueden causar síndromes hemolíticos que pueden llegar a ocasionar la muerte en individuos especialmente sensibles.

●● *Suillus bovinus* (Pers.) Kuntze

Boleto bovino

Píleo	De 4-12 cm, al principio convexo y luego aplanado y sinuoso en la madurez; superficie lisa, algo viscosa en húmedo, levemente pegajosa en seco, separable, de tonos ocre-amarillentos u ocre-anaranjados o incluso pardo-anaranjados y en ocasiones con reflejos rosados poco evidentes.
Himenio	Con poros grandes, angulosos de color al principio amarillo y más tarde amarillo-oliváceo.
Pie	De 3-10 x 0,5-1,5 cm, cilíndrico o fusiforme, corto, sin anillo, con la superficie algo fibrilosa longitudinalmente, del mismo tono que el píleo y con un micelio rosado en la base.
Carne	Coriácea, elástica, de color blanco-amarillento con tonos pardo-rosados, de olor algo afrutado y sabor suave, levemente acídulo.
Observaciones	Aparece generalmente en grupos numerosos e incluso fasciculado durante el otoño, sobre suelos ácidos y asociado a pinos de dos acículas (*P. sylvestris, P. nigra, P. pinaster*). Bastante común, especialmente en pinares serranos sobre suelos silíceos.

Se caracteriza bien por su hábitat bajo pinos de dos acículas, su píleo apenas viscoso de color típicamente pardo-anaranjado y sus poros grandes y angulosos. El epíteto específico *bovinus* (bovino, vacuno) hace alusión a una tradición del sureste de Francia, en donde en tiempos pretéritos esta especie era habitualmente consumida por siervos o vaqueros, mientras que otras setas más exquisitas como el *Tricholoma equestre* (L.) P. Kumm. eran reservadas y consumidas en exclusividad por los caballeros y la nobleza del lugar.

● ● *Suillus granulatus* (L.) Snell.
Boleto viscoso de pie granuloso, boleto granulado

Píleo   De 4-10 cm, primero cónico o hemisférico y más tarde convexo-pulvinado; superficie lisa, separable, brillante y viscosa en tiempo húmedo, mate y pegajosa en seco, con tonos pardo-rojizos o pardo-amarillentos.

Himenio   Con poros pequeños, circulares, de tonos crema a amarillento-pálido o amarillo-oliváceo que en ejemplares jóvenes exudan gotas de aspecto lechoso.

Pie   De 4-10 x 0,8-2 cm, cilíndrico, lleno, con la superficie de color crema a amarillento-pálido, ornamentado en ejemplares jóvenes con gotas de aspecto lechoso y más tarde puntuado de granulaciones pardo-ocráceas, con la base cubierta con un micelio algodonoso blanquecino.

Carne   Gruesa, inmutable, de color crema-pálido o amarillo-pálido sobre el himenio, de olor y sabor suaves, banales.

Observaciones   Fructifica en grupos muy numerosos en verano y otoño, bajo pinos de dos acículas. En la sierra del Guadarrama es bastante abundante, en especial en repoblaciones forestales jóvenes de *Pinus*.

Es considerado como comestible, pero eliminando previamente la cutícula y los tubos en ejemplares maduros. Como otras especies del género, puede provocar efectos purgantes en personas sensibles.

●● *Suillus luteus* (L.) Gray
Boleto viscoso anillado,
boleto glutinoso anillado

Píleo	De 6-8 (19) cm, al principio convexo-pulvinado, finalmente aplanado con mamelón obtuso y algo deprimido en el centro; superficie lisa, separable, brillante, viscosa-glutinosa con la humedad, pegajosa en seco, fibrilosa radialmente con fibras parduzcas a modo de mechas sobre un fondo pardo-rojizo o pardo-chocolate más o menos oscuro, manchándose por zonas de pardo-amarillento y cubierta por una capa mucosa de tonos violáceos.
Himenio	Con poros circulares, pequeños, de color blanco-amarillento, amarillo-citrino o incluso amarillo-dorado u oliváceo-amarillento al madurar.
Pie	De 4-7 (10) x 1-2 cm, cilíndrico o algo ensanchado en la base, firme, con la superficie de tonos blanquecinos o amarillento-pálidos que se puntúa de granulaciones pardas en la mitad inferior, con anillo membranoso ascendente de color blanco en la parte superior y violáceo y viscoso en la inferior, que adquiere tonos negruzcos y queda adpreso sobre la superficie al envejecer.
Carne	Firme, gruesa y esponjosa al madurar reteniendo gran cantidad de agua, de color blanco o amarillento-pálido bajo la superficie, de olor y sabor no destacables.
Observaciones	Aparece aislada o gregaria desde finales de verano y durante el otoño, asociada a coníferas, en especial especies pino de dos acículas (*P. sylvestris*, *P. nigra*) con preferencia por los sustratos ácidos. En el Guadarrama es especialmente abundante bajo pino albar (*P. sylvestris*).

Es relativamente sencillo de identificar por su cutícula fuertemente glutinosa con reflejos violáceos y su anillo viscoso en la parte externa. Está considerado como uno de los mejores comestibles del género, aunque con precaución ya que *Suillus* produce habitualmente efectos laxantes, y desechando además cutícula y tubos en ejemplares adultos.

● *Xerocomus chrysentheron* (Bull.) Quél.

Boleto de carne amarilla,
boleto cuarteado

Píleo De 3-10 cm, hemisférico al principio, más tarde convexo o pulvinado, con la superficie lisa y seca, de aspecto aterciopelado, glabrescente en ejemplares más maduros, generalmente resquebrajada en placas irregulares en seco, de tonos variables desde pardo-oscuro o pardo-claro a pardo-oliváceo y con áreas rojizas o púrpura-rojizas sobre todo bajo las grietas.

Himenio Con poros anchos, de color amarillento pálido al principio, luego amarillo-oliváceo al madurar y manchándose de azul al roce.

Pie De 4-8 x 0,6-2 cm, cilíndrico o a veces arqueado-curvado, lleno y con la base algo radicante; superficie amarillenta pero siempre teñida por diversas zonas de color rojo-carmín y azuleando levemente con la manipulación.

Carne Esponjosa, de color blanco-amarillento, rojiza bajo la cutícula y en la base del pie, azuleando levemente al corte y de olor y sabor banales.

Observaciones Fructifica aislado o gregario desde la primavera y hasta bien entrado el invierno, bajo planifolios y coníferas. Especie muy común bajo frondosas o pinos en la sierra del Guadarrama.

Es una de las especies del género más común en nuestra latitud, y se la puede caracterizar bien por su pie teñido de rojizo o por los tonos rojo-carmín bajo la superficie piléica areolada. Es considerada como una especie comestible de baja calidad.

●●● *Lactarius deliciosus*
(L.) Gray

Níscalo, nízcalo,
mízcalo, robellón,
seta de pino,
rebollón, rebichuelo

Píleo De 4-8(10) cm de diámetro, al principio plano-convexo, más tarde extendido y deprimido o infundibuliforme en el centro; con la superficie seca, de aspecto escarchado, no separable, zonada concéntricamente, algo viscosa y brillante con humedad, de color anaranjado pálido, rojo-anaranjado u ocre-anaranjado, con numerosas máculas verdosas más o menos abundantes.

Himenio Con láminas densas, de largamente adnatas a subdecurrentes, a menudo bifurcadas, de tonos primero crema-anaranjado pálidos y más tarde anaranjados.

Pie De 3-5(6) x 1-2(3) cm, cilíndrico, recto o ligeramente curvado, lleno en ejemplares jóvenes y pronto hueco, con la superficie cubierta de una pruina blanquecina cobre un fondo anaranjado y ornado de pequeñas depresiones (escrobiculado), de tonos ocre-anaranjados con tonos más oscuros en las depresiones y manchado de máculas verdosas similares a las del píleo.

Carne Espesa, firme, blanquecina al principio que se torna primeramente de color rojo-zanahoria al corte y finalmente toma coloraciones verdosas tras varias horas, con látex poco abundante de color zanahoria e inmutable, con olor levemente resinoso o afrutado y de sabor algo acre.

Observaciones Fructifica aislado o en pequeños grupos, durante el otoño y hasta bien entrado el invierno, siempre bajo *Pinus* e indiferente al tipo de suelo. Común y abundante, en especial bajo *Pinus sylvestris* en la sierra del Guadarrama.

Es una de las especies más buscadas por los aficionados, caracterizada por su sombrero de aspecto escarchado y concéntricamente zonado en tonos anaranjados claros, con máculas verdosas, su carne primero blanquecina y luego de color zanahoria vivo y su hábitat bajo pinos. Es considerado como un buen comestible, pero de menor calidad que otras especies similares como son *L. sanguifluus* (Paulet) Fr. y *L. vinosus* (Quél.) Bat.

Lactarius aurantiacus (Pers.) Gray

Lactario anaranjado

Píleo De 2-5(7) cm de diámetro, al principio hemisférico y más tarde aplanado y levemente deprimido en el centro, a veces provisto de un pequeño umbo; superficie lisa, mate en seco y ligeramente brillante con la humedad, de un color uniforme naranja-rojizo, pardo-anaranjado o pardo-rojizo más claro hacia el margen.

Himenio Con láminas estrechas, apretadas, poco bifurcadas e intervenadas, de adnatas a subdecurrentes, de color ocre-anaranjado pálido.

Pie De 2,5-5(7) x 0,5-1 cm, cilíndrico o algo ensanchado en la base, lleno, con la superficie de lisa a finamente fibrilosa longitudinalmente, de tonos rojo-anaranjados o leonado-anaranjados más pálidos hacia la base.

Carne Espesa, de color blanquecino o crema-anaranjado, con olor suave algo desagradable, con látex abundante de aspecto lechoso que no cambia de color, con sabor al principio suave, pero tornándose progresivamente picante.

Observaciones Fructifica en grupos desde el final del verano y hasta el final del otoño, asociado simbióticamente a coníferas, en especial pinos y abetos, siendo mucho más rara bajo caducifolios. Es bastante común, en especial en pinares de pino albar (*Pinus sylvestris*) de la sierra del Guadarrama.

Está caracterizado por los tonos anaranjados de su píleo, que en ocasiones presenta un pequeño mamelón central con un pie del mismo tono, y por su látex lechoso que no cambia de color y que se torna picante con el tiempo. *Lactarius aurantiacus* no es considerado comestible.

●●● *Lactarius sanguifluus* (Paulet) Fr.

Níscalo, nízcalo, seta de pino, níscalo de sangre vinosa, níscalo vinoso

Píleo   De 5-9 cm de diámetro, primero plano-convexo y umbilicado, luego aplanado y deprimido en el centro; superficie lisa, adnata, seca, mate en seco, brillante y viscosa en tiempo húmedo, de color rosáceo-vinoso, rojo-ladrillo pálido u ocre-anaranjado y en ocasiones manchado irregularmente de verde, zonada concéntricamente en especial hacia el margen con zonas más oscuras rojo-púrpura.

Himenio   Con láminas densas, bifurcadas, subdecurrentes, de color rojo-vinoso que se manchan de máculas verdosas en las heridas o al envejecer.

Pie   De 3-5(6) x 1,5-2,5 cm, cilíndrico o algo adelgazado hacia la base, lleno al principio y fistuloso con la edad, con la superficie lisa o venosa longitudinalmente, blanquecina sobre un fondo rojizo-vinoso y generalmente ornamentado de fosetas o escrobículos rojo-vinosos más oscuros.

Carne   Firme, densa, de color amarillo-cremoso pálido al corte que rápidamente vira a ocre-vinoso y al cabo de varias horas toma tonos verdosos, con látex escaso, inmutable, de color rojo-vinoso, con olor no característico y sabor algo amarescente.

Observaciones Fructifica de forma gregaria, desde el final del verano y en otoño, asociado a pinos en ambientes termófilos sobre suelo básico. En el territorio del parque nacional no es un lactario abundante, aunque puede observarse en pinares de pino carrasco sobre suelos calizos.

Se caracteriza principalmente por su látex de tonos rojo-sangre o rojo-vinoso inmutable desde el principio. Es una especie comestible muy apreciada, de calidad superior al *Lactarius deliciosus* (L.) Gray según los aficionados de la zona este peninsular.

●●● *Russula cyanoxantha*
(Schaeff.) Fr.
Carbonera,
rúsula de los cerdos

Píleo De 5-15 cm de diámetro, al principio globoso o hemisférico y más tarde convexo o aplanado e incluso deprimido en ejemplares más maduros; superficie fácilmente separable, lisa y ligeramente viscosa en tiempo húmedo, de color variable, desde púrpura-grisáceo a púrpura-violáceo oscuro o pardo-oliváceo oscuro, incluso con tonos dominantes verdes o verde-oscuro en la variedad *pelteraui* Singer.

Himenio Con láminas densas, gruesas, de consistencia sebosa, de adnatas a levemente decurrentes, de color blanquecino y pardeando ligeramente en la arista que a veces toma tonos violáceos.

Pie De 5-10 x 1,5-2,5 cm, robusto, firme, cilíndrico o ligeramente clavado, de color blanco y a veces teñido irregularmente de tonos rosados o liláceos en ejemplares más maduros.

Carne Gruesa, compacta, de color blanco y con tonos púrpura-rojizo pálidos bajo el sombrero, con olor suave y sabor levemente farináceo.

Observaciones Fructifica aislada o en grupos pequeños desde primavera hasta el comienzo del otoño, asociada a especies de planifolios (robles, encinas, hayas, etc.) y más raramente coníferas. En el parque nacional es muy común, especialmente bajo melojo o roble albar.

Es una especie bien conocida por los aficionados, pese a la gran variedad cromática de sus carpóforos, y se caracteriza por la consistencia sebosa de sus láminas junto a su fenología fundamentalmente estival. Es una de las especies del género más apreciadas gastronómicamente.

Rúsula blanca

Píleo   De 5-15(20) cm de diámetro, primero pulvinado y umbilicado, más tarde aplanado-extendido y en ejemplares más viejos infundibuliforme; superficie seca, mate, algo brillante
en tiempo húmedo, de tonos blanquecinos o crema-sucio,
manchándose de ocre al madurar y típicamente cubierta de
partículas de tierra u hojarasca.

Himenio   Con láminas espaciadas, anchas, decurrentes, exudando gotas himeniales, de tonos blanquecinos o grisáceo-pálidos
por zonas y con reflejos glaucos.

Pie   De 2,5-6 x 1-3,5 cm, cilíndrico o engrosado en el ápice, corto,
robusto, levemente pruinoso al principio y más tarde glabro o venoso, de color blanco o manchándose de pardo con
el roce o la manipulación.

Carne   Dura, firme, compacta, de color blanquecino, con olor afrutado primero y más tarde desagradable a pescado y de sabor
suave pero picante en las láminas.

Observaciones   Fructifica en grupos numerosos, a veces masivamente, asociada tanto a planifolios como a coníferas, desde finales de
primavera hasta principios del invierno. Es un taxon muy
frecuente, especialmente en pinares serranos.

Es una especie muy polimórfica, reconociéndose unas cuantas variedades. Es
considerada y apreciada como una especie comestible.

Russula sanguinaria (Schumach.) Rauschert

Rúsula sanguínea

Píleo De 3-9 cm de diámetro, al principio hemisférico-convexo, más tarde plano-convexo, algo deprimido en el centro y excepcionalmente umbonado; superficie muy adherida, apenas separable, viscosa y brillante con humedad, al secar mate, lisa o ligeramente rugulosa, de color variable rojo-sangre, rojo-rosado o rojo-púrpura y manchándose de blanco por zonas.

Himenio Con láminas moderadamente apretadas, de adnatas a subdecurrentes, bifurcadas e intervenadas, de color primero blanco y más tarde crema-ocre con tonos amarillentos al roce.

Pie De 4-8 x 1-3 cm, cilíndrico, recto o algo incurvado, macizo, con la superficie pruinosa de tonos rosados más o menos uniformes que se suele manchar de amarillo o pardo-amarillento irregularmente.

Carne Firme, de tonos blanquecinos o rojizos bajo la cutícula piléica, de olor suave, banal y de sabor muy picante.

Observaciones Aparece en grupos numerosos, desde el final del verano y durante todo el otoño, asociada a bosques de coníferas e indiferente al sustrato. Especie muy abundante en la sierra, siempre bajo masas de pinos, en áreas montañosas y también en zonas más bajas.

Es una de las especies más abundantes del género en pinares, caracterizada por los tonos rojo-sangre de su sombrero, sus láminas blanquecinas que amarillean con la edad, pie rosado, esporas verrugosas y sabor muy picante. No posee interés culinario debido al sabor fuertemente acre de su carne.

Russula xerampelina (Schaeff.) Fr.

Rúsula de olor
a marisco

Píleo	De 5-12(15) cm de diámetro, hemisférico o globoso al principio del desarrollo, más tarde plano-convexo o débilmente deprimido en el centro; superficie lisa, viscosa y brillante en tiempo húmedo, poco separable, de color rojo-carmín a rojo-púrpura con el disco central muy oscuro, negro-rojizo.
Himenio	Con láminas de adnatas a emarginadas, distantes, sinuadas, intervenadas y bifurcadas junto al pie, de color crema-pálido a crema-ocre al madurar.
Pie	De 3-10 x 1-3,5 cm, cilíndrico o algo engrosado en el ápice, primero lleno y hueco-cavernoso al madurar, con la superficie venosa, glabra y al principio pruinosa sobre todo hacia el ápice, de color rosa-rojizo o rosa-carmín, algo más pálida hacia el ápice, y manchándose intensamente de pardo-amarillento a amarillo al roce o la manipulación a partir de su base.
Carne	Densa, gruesa, de tonos blanquecinos o rojizos bajo el sombrero, tomando rápidamente tonos pardo-amarillentos, con olor intenso y desagradable a crustáceos cocidos o a pescado y de sabor suave.
Observaciones	Fructifica en grupos no muy numerosos durante verano y otoño, asociada a coníferas de montaña en suelos preferentemente ácidos. Común en bosques montanos de pino albar en el Guadarrama.

Se caracteriza por los tonos rojo-púrpura de su píleo, con el disco central casi negro, el pie rosado-carmín, su carne blanca que se mancha rápidamente de pardo-amarillento y un característico olor a marisco cocido. No está considerada como comestible debido a su olor fuertemente desagradable.

●●● *Agaricus bitorquis* (Quél.) Sacc.
Champiñón, agárico vainillado

Píleo	De 5-10 cm, al principio hemisférico o convexo, luego plano-convexo o incluso algo deprimido en el centro; superficie lisa, sin escamas ni fibrillas, seca, mate, de color blanco puro a crema o incluso ocre-pálido, frecuentemente manchada de ocre-amarillento.
Himenio	Con láminas estrechas, densas, libres, al principio blancas, luego rosadas y finalmente pardo-púrpura oscuras.
Pie	De 4-8 x 1-2,5 cm, cilíndrico, blanquecino o parduzco en la base, con anillo doble, membranoso con la parte inferior recordando una característica falsa volva.
Carne	Firme, densa, de tonos blancos o rosados al corte, de olor y sabor fúngico y agradable.
Observaciones	Fructifica aislado o en pequeños grupos desde primavera a otoño en pastizales o márgenes de caminos, incluso levantando la capa de asfalto al borde de las carreteras. Muy abundante en los mencionados hábitats del Guadarrama.

Se identifica por su carne con reflejos rosados y un anillo doble que al tener un aspecto volviforme puede recordar a individuos jóvenes de algunas especies blancas de *Amanita*, aunque en éstas las láminas no adquieren tonos púrpura-negruzcos al madurar y presentan una verdadera volva. Es un buen comestible, cultivado industrialmente y de calidad similar a *Agaricus bisporus* (J. E. Lange) Pilát.

Píleo De 3-11 cm, primero hemisférico o convexo, y finalmente plano-convexo con margen involuto; superficie seca, lisa y levemente fibrilosa radialmente o escamosa, de tonos blanquecinos a beis, a veces amarilleando con la manipulación.

Himenio Con láminas apretadas, anchas, libres, ventrudas, de color rosado intenso al principio, luego pardo-purpúreo y finalmente ennegreciendo.

Pie De 4-8 x 2-2,5 cm, cilíndrico, adelgazado en la base, de tonos blanquecinos, con un anillo descendente simple y blanco.

Carne Densa, blanca, no amarilleando y decolorándose a rosa-vinoso pálido con humedad, olor fúngico agradable y sabor dulce.

Observaciones Aparece durante gran parte del año (con condiciones favorables) en grupos o raramente aislado, en zonas abiertas, herbazales, pastos y jardines, más frecuentemente en suelos básicos y altamente nitrificados. Especie muy frecuente y buscada en nuestra comunidad autónoma.

Es una especie muy bien conocida por los aficionados que, no obstante, presenta una gran variabilidad. Considerado como un excelente comestible y para muchos aficionados de calidad muy superior al champiñón cultivado (*Agaricus bisporus* (J. E. Lange) Pilát).

●●● *Amanita caesarea* (Scop.) Pers.

Amanita de los Césares, oronja, yema de huevo, tentullo

Píleo De 5(7)-14 (16) cm, hemisférico a subgloboso-convexo al principio, luego plano-convexo en la madurez; superficie piléica lisa y seca, separable, brillante con humedad, de tonos rojo-anaranjado vivos decolorando a naranja-amarillento pálido al envejecer, a menudo cubierta con restos del velo parcial en forma de grandes placas membranosas gruesas.

Himenio Con láminas apretadas, anchas, libres, de un tono amarillo-huevo a amarillo vivo muy característico.

Pie Cilíndrico, robusto, de 10-12(15) x 1,5-3 cm, de tonos amarillos a amarillo-pálidos, con una volva muy desarrollada en forma de saco, amplia y membranosa de color blanquecino; anillo concolor con el resto del pie, membranoso y frágil.

Carne Blanca al corte o ligeramente amarilla-pálida bajo la cutícula, de olor banal y sabor suave y agradable recordando al de las avellanas.

Observaciones Fructifica desde verano hasta el otoño con humedad y temperaturas altas, asociada a bosques termófilos como alcornocales o encinares, aunque puede ser recolectada en castañares y rebollares en latitudes septentrionales. En el Guadarrama es rara, pudiendo ser observada en ciertas zonas bajo roble melojo.

Es una de las especies más conocidas y buscadas, resultando un comestible excelente incluso cruda en ensaladas, valorada al principio del desarrollo, donde recuerda el aspecto de un huevo con la volva íntegra. Los tonos amarillo-vitelinos de láminas y pie, la presencia de una volva saciforme blanquecina y la ausencia de verrugas o escamas en la superficie del sombrero, facilitan su identificación, en donde la única confusión posible podría producirse con ejemplares lavados o decolorados de *Amanita muscaria* (L.) Lam. que, sin embargo, presenta una volva escamosa y láminas siempre blancas.

● *Amanita citrina* (Schaeff.) Fr.
Amanita citrina, oronja limón

Píleo	De 4-10 (12), primero convexo y más tarde plano-convexo o aplanado; superficie separable, lisa, seca, de tonos variables desde amarillo-pálido, amarillo-citrino a incluso amarillo-blanquecino o blanquecino, cubierta por grandes placas poligonales blanquecinas u ocráceas con la edad, procedentes del velo universal.
Himenio	Con láminas densas, estrechas, libres y de color blanco.
Pie	De 5-12 x 0,5-1,5 cm, cilíndrico, primero lleno y denso, hueco al envejecer, formando en la base una volva gruesa adnata, circuncisa y membranosa de tonos blanquecinos, con un anillo apical, membranoso y persistente y estriado en su cara externa.
Carne	Blanquecina o algo citrina, de olor intenso a patata cruda y sabor desagradable.
Observaciones	Fructifica aislada o en pequeños grupos desde verano al final del otoño bajo todo tipo de bosques, más abundante en suelos ácidos. En el Guadarrama es bastante común, abundante tanto en pinares y melojares serranos como en encinares.

Es una especie caracterizada por sus llamativos tonos amarillo-limón del sombrero, a veces totalmente blancos en la var. *alba* (Gill.) Gilbert. Estas formas blancas pueden ser confundidas con especies muy tóxicas del género, como en el caso de ejemplares muy lavados de *Amanita phalloides* Fr., o individuos de *Amanita verna* (Bull.) Lam. o *Amanita virosa* (Fr.) Bertill. No obstante, la observación de caracteres como la volva, siempre circuncisa en *A. citrina*, además del olor a patata cruda de su carne no presente en las mencionadas amanitas mortales, permiten su diferenciación. Es un comestible mediocre, lo cual, unido a su parecido con las especies mortales citadas desaconseja totalmente su ingestión.

●● *Amanita muscaria* (L.) Lam.

Falsa oronja, matamoscas,
seta de los enanitos,
oronja pintada

Píleo De 5-20(30) cm, primero esférico o globoso y cubierto por un velo universal blanco en ejemplares jóvenes, más tarde hemisférico y finalmente aplanado; superficie separable, viscosa, de color rojo-vivo o a menudo decolorándose a rojo-anaranjado, naranja o amarillo-anaranjado y cubierta con numerosas escamas con aspecto de copos algodonosos de color blanco o amarillento, a menudo fugaces que se lavan con la lluvia.

Himenio Con láminas apretadas, ventrudas, libres, de color blanco o con ligeros tintes amarillentos.

Pie De 6-20 x 1-3 cm, cilíndrico, con la base generalmente bulbosa, con la superficie blanca, con fibrillas algodonosas blancas longitudinales y un anillo colgante, membranoso, de color blanquecino o amarillo-pálido, terminando en un bulbo marginado con una volva disociada en forma de círculos concéntricos de aspecto escamoso.

Carne Firme, gruesa, de color blanco o amarillento bajo el sombrero, con olor y sabor no particulares.

Observaciones Fructifica en grupos pequeños al final del verano y durante el otoño, asociada a un amplio rango de especies vegetales, desde planifolios (hayas, robles, abedules, encinas, etc.), hasta coníferas (pinos, abetos), con preferencia por los sustratos ácidos.

Es un taxon altamente polimórfico muy conocido y fácil de identificar por su píleo de tonos rojo-vivos o rojo-anaranjados, que a veces se decolora a amarillo-anaranjado, densamente cubierto de escamas blancas procedentes del velo universal, láminas blancas y pie con un anillo membranoso colgante y base con volva disociada en escamas concéntricas. Es una especie tóxica pero no mortal, capaz de provocar graves trastornos intestinales y neurológicos.

●●● *Amanita phalloides*
(Vaill. ex Fr.) Link

Cicuta verde, oronja
verde, oronja mortal,
seta mortal (Cas.)

Píleo De 5-12 (15) cm de diámetro, ovoide o convexo al principio,
que pasa con la madurez a convexo o plano-convexo, regular, margen liso, no estriado, cutícula levemente húmeda,
glutinosa con humedad, brillante en tiempo seco, con fri-
brillas radiales de tonos grisáceos sobre fondo variable, desde verde-amarillentos o verde-oliva, hasta verde-grisáceos
o verde-parduzcos, incluso blanquecino-verdosos muy pálidos en la var. *alba*, y frecuentemente cubierta con grandes
placas blancuzcas procedentes del velo universal.

Himenio Con láminas blancas o con leves tonos amarillo-verdosos, libres, anchas y densamente dispuestas, con la arista entera y
concolor.

Pie De 5-12 (16) x 1-3 cm, cilíndrico, esbelto, recto y ensanchado
hacia la base en un bulbo, blanquecino o con tonalidades
verdosas más pálidas que en el píleo, siempre con una pig-
mentación cebreada en zig-zag; anillo blanco, membranoso,
grande y estriado en la parte superior; volva bien desarrollada blanca y membranosa, persistente y semienterrada en
la base del pie.

Carne Blanca al corte, inmutable, ligeramente verdosa bajo la cutícula del píleo, sabor agradable a nueces y olor poco intenso
que se torna notoriamente desagradable en ejemplares maduros.

● ● ● **Observaciones** Fructifica de forma relativamente frecuente, desde final de verano a otoño e incluso en inviernos cálidos, con preferencia sobre suelos ácidos y en una gran variedad de masas forestales, aunque especialmente bajo planifolios, principalmente Fagáceas (encinas, robles, castaños, hayas), Betuláceas (abedules, avellanos), más raramente bajo coníferas. En nuestra región es bastante común, y especialmente abundante en ciertos años bajo encinas, alcornoques y roble melojo.

Es una de las especies de setas mortales más común y conocida, responsable de un alto porcentaje de las muertes causadas por ingestión de hongos. De este modo, todo recolector o aficionado debería conocer e identificar con precisión esta especie en el campo, distinguiéndola de otras setas con las que podrían presentarse casos de confusión. La presencia de una volva y anillo diferencia claramente *A. phalloides* del grupo de rúsulas verdosas comestibles como *Russula virescens* (Schaeff.) Fr, *R. heterophylla* (Fr.) Fr., etc., o ciertas especies de tricolomas. Algunas variantes pálidas de *A. phalloides* podrían ser confundidas con algunas variedades de champiñón (género *Agaricus*), las cuales no presentan volva en la base del pie, además de poseer láminas rosadas a pardo-chocolate, nunca blancas. Otras confusiones posibles pueden surgir con la abundante *Amanita citrina* (Schaeff.) Fr., aunque esta última resulta inocua, presenta restos de velo parcial en la superficie del píleo y desprende un característico olor a patata cruda.

Tanto *A. phalloides* como otros dos representantes del género próximos (*Amanita verna* (Bull.) Lam. y *Amanita virosa* (Fr.) Bertill.) se encuentran entre las especies de setas más venenosas conocidas. Unos pocos gramos de estas especies de hongos bastarían para matar a una persona. Desde el punto de vista de su toxicidad, los compuestos responsables (amatoxina y faloidina principalmente) poseen una estructura molecular muy estable, que no se ve afectada ni desactivada por el calor ni la desecación. Además, la intoxicación por este tipo de sustancias desarrolla un periodo de incubación largo, en donde los efectos no se manifiestan hasta 8-20 horas tras la ingestión, cuando estas han pasado al torrente sanguíneo y ya no es posible su eliminación, afectando en pocos días a órganos vitales como los riñones, el hígado o el miocardio, y desembocando en numerosos casos en un desenlace fatal, en función del peso y edad del consumidor y, sobre todo, de la cantidad de seta consumida.

●● *Amanita rubescens* Pers.
Oronja vinosa, amanita rojiza

Píleo   De 5-12(15) cm, primero hemisférico y más tarde convexo o aplanado; superficie lisa, mate o algo satinada, brillante y viscosa, de color ocre-pálido al principio, más tarde pardo-ocráceo o pardo-rojizo y cubierta por escamas finas, concéntricas y de aspecto verrugoso, de tonos blanquecinos o gris-rojizos que a menudo pueden perderse por efecto de la lluvia.

Himenio   Con láminas anchas, apretadas, libres, de color primero blanco y pronto manchadas de pardo-vinoso.

Pie   De 6-20 x 1-3 cm, carnoso, cilíndrico, bulboso-napiforme, de color blanco-rosado pálido hacia el ápice, más rosado-vinoso en la base que suele agusanarse pronto, con anillo colgante, membranoso, estriado y de color blanco-rosado y base terminada en una volva, compuesta de restos escamosos disociados en escamas concéntricas.

Carne   Rápidamente putrescible o agusanada, de color blanco o rosado bajo el sombrero, tiñéndose fácilmente de tonos rosado-vinosos, con olor banal y de sabor levemente acre.

Observaciones   Aparece aislada o gregaria desde primavera hasta invierno, asociada micorrícicamente tanto a especies de planifolios (en especial Fagáceas), como coníferas (pinares), preferentemente bajo sustratos ácidos. Es una de las amanitas más frecuentes en bosques mixtos de montaña de la sierra del Guadarrama.

Se caracteriza por su cutícula piléica pardo-rojiza cubierta de escamas pardo-grisáceas, pie blanco-rosado que toma tintes rojo-vinosos en la base y al corte, y una volva floconosa muy tenue. Es un buen comestible tras una prolongada cocción, debido a las toxinas hemolíticas termolábiles que contienen en crudo.

●●● *Agrocybe cylindracea* (DC.) Gillet
(=*Agrocybe aegerita* (V. Brig.) Singer)

Seta de chopo, seta de álamo

Píleo   De 4-12 cm, primero hemisférico y más tarde plano-convexo o aplanado; superficie lisa o arrugada en ejemplares más viejos, que finalmente se resquebraja en placas grandes poligonales, de color variable, desde crema-blanquecino o crema-ocráceo hasta pardo-ocráceo o pardo-oscuro, siempre más oscuro en el centro.

Himenio   Con láminas densas, de adnatas a subdecurrentes, blancas al principio y finalmente pardo-canela o pardo-tabaco.

Pie   De 6-15 x 1-2,5 cm, cilíndrico, recto o curvado, fibroso, firme, con anillo membranoso, amplio y persistente, y superficie de tonos blanquecinos o beis-crema.

Carne   Compacta, dura, blanquecina, con olor afrutado y sabor agradable con un leve reflejo rafanoide.

Observaciones   Fructifica en grupos fasciculados en la base de troncos, oquedades, tocones o raíces semienterradas de especies de Salicáceas (sauces, chopos y álamos), durante todo el año con condiciones propicias. Especie muy común en formaciones de ribera en el Guadarrama.

Es una especie de coloración muy variable, pero conocida y apreciada por los aficionados de todo el país, fácil de identificar por su sombrero típicamente arrugado, presencia de anillo y crecimiento fasciculado en madera de chopos y álamos principalmente. Considerada como excelente comestible, con la precaución de desechar los ejemplares más viejos.

● *Armillaria mellea* (Vahl) P. Kum.

Armillaria de color miel, cabeza de medusa, babosa

Píleo   De 5-15(20) cm, primero convexo o cónico-obtuso y finalmente aplanado o ligeramente deprimido con un mamelón poco marcado; superficie seca, mate, de tonos variables, amarillo-miel, pardo-rosáceo, amarillo-oliváceo o pardo-oliváceo, cubierta de escamas cónicas de tonos parduzcos muy fugaces.

Himenio   Con láminas espaciadas, gruesas, de adnatas a subdecurrentes, de tonos primero blanquecinos, luego crema y finalmente parduzcos.

Pie   De 6-15(20) x 1-2,5 cm, cilíndrico o ensanchándose hacia la base, curvado, hueco en ejemplares maduros, de consistencia elástica, fibroso, con un anillo grueso, membranoso y persistente de color blanco-amarillento.

Carne   Delgada, blanquecina o con reflejos rosados, de olor aceitoso algo desagradable y de sabor primero suave y finalmente amargo.

Observaciones   Fructifica en grupos fasciculados, desde el final del verano y hasta el invierno, parasitando especies de planifolios (principalmente robles, hayas y encinas) o más raramente coníferas. En nuestra región es muy frecuente, tanto en ambientes forestales serranos como en especies ornamentales de parques y zonas ajardinadas.

Es un importante patógeno forestal, que se suele propagar por las raíces de los árboles a través de unos rizomorfos o cordones miceliares negruzcos muy característicos. Aunque considerada como comestible desechando previamente el pie, resulta muy fibrosa e incluso indigesta, provocando intoxicaciones leves.

Píleo	De 5-20 (30) cm de diámetro, obtusamente mamelonado o campanulado cuando joven, finalmente aplanado e incluso deprimido hacia el centro con un mamelón bien definido; superficie ligeramente afieltrada, de tonos crema-beis hasta blanco-cremoso.
Himenio	Con láminas crema-beis, largas, bifurcadas y fuertemente decurrentes por el pie.
Pie	De 5-15 x 1,3-3 cm, generalmente cilíndrico o un poco ensanchado hacia la base, denso, con tonos crema, fibriloso longitudinalmente y con la base cubierta de micelio algodonoso blanquecino.
Carne	Blanquecina, con olor característico a almendras amargas y sabor fúngico dulce.
Observaciones	Especie humícola que forma fructificaciones de numerosos individuos formando «corros de brujas», tanto bajo coníferas y frondosas, como en claros y pastizales, desde verano al final del otoño, preferentemente en suelos calizos. En el Guadarrama es relativamente frecuente entre los claros herbosos de los encinares de la rampa serrana.

Está muy estrechamente relacionada con otras especies cercanas, que no constituirían más que variedades para algunos autores. Es considerada como especie comestible en especial cuando es joven, procurando desechar los pies por su consistencia dura y excesivamente fibrosa.

Clitocybe nebularis (Batsch.) P. Kumm.
Pardilla

Píleo De 6-20 cm de diámetro, convexo al principio, luego levemente deprimido e umbonado; superficie glabra o algo
pruinosa, no higrófana, fibrilosa radialmente, de tonos
grisáceos a beis-grisáceo claros en ejemplares más secos,
incluso blanquecinos en algunos casos.

Himenio Con láminas moderadamente apretadas, estrechas, adnatas a
ligeramente decurrentes, primero blanquecinas y más tarde
color crema al madurar.

Pie De 5-10 (15) x 1,5-2,5 cm, claviforme al principio, luego más
estilizado y cilíndrico, central, elástico y hueco al envejecer,
con tonos blanco-cremosos y recubierto en su base por micelio algodonoso blanquecino.

Carne Blanquecina, muy densa y firme, con un olor y sabor penetrante levemente farináceo a rancio, a veces desagradable.

Observaciones Fructifica en solitario o en pequeños grupos desde finales de
verano hasta el invierno en humus, tanto bajo coníferas
como frondosas e indiferente a la naturaleza del sustrato.
Relativamente abundante en pinares y robledales de la sierra de Guadarrama.

Pese a su sabor relativamente desagradable, esta especie se ha considerado
tradicionalmente como comestible, aunque ese concepto está siendo revisado,
debido al incremento en los últimos años de casos de intolerancias y reacciones
alérgicas tras su consumo.

Clitocybe odora (Bull.) P. Kumm.
Anisada, clitocibe perfumado

Píleo De 2,5-5 (7) cm de diámetro, convexo al principio, luego más o menos aplanado y a veces ondulado en la madurez, superficie lisa, glabra o ligeramente pruinosa con fibrillas radiales muy finas, débilmente higrófana y de tonos azul-verdosos en ejemplares jóvenes, más tarde gris-ocráceos con reflejos azul-verdosos.

Himenio Con láminas color crema al principio, luego tornándose gris-verdosas, apretadas, estrechas, adnatas o algo decurrentes.

Pie De 3-5 (7) x 4-8 cm, cilíndrico, al principio cubierto por un tomento blanquecino y más tarde con tonos similares a los del sombrero y con la base recubierta de micelio blanquecino o verdoso de consistencia algodonosa.

Carne Blanca a verde pálida, escasa, de un característico y penetrante olor a anís, con sabor dulce también anisado.

Observaciones Especie humícola que forma pequeños grupos desde final del verano hasta el otoño tardío, tanto bajo coníferas como planifolios. Especie de muy fácil reconocimiento y muy abundante en nuestra comunidad, especialmente en pinares del Guadarrama.

Es una de las especies del género más fácilmente reconocible por el color de su píleo y su inconfundible olor anisado. Aunque considerada como comestible, el fuerte olor a anís y su sabor dulzón no la hacen protagonista de muchas recetas.

Clitocibe blanco

Píleo	De 1,5-4 cm de diámetro, aplanado o débilmente infundibuliforme, superficie lisa, mate, higrófana y de tonos que van desde crema-blanquecino a blanco-rosado, con aspecto rivuloso con la humedad.
Himenio	Con láminas blancas al principio, más tarde tornándose ocrepálido al madurar, apretadas, sinuosas y levemente decurrentes.
Pie	De 1,5-4 x 0,3-0,5, cilíndrico, con la superficie fibrilosa longitudinalmente, elástico, a veces comprimido y hueco, blanquecino al principio y luego similar al sombrero.
Carne	De aspecto acuoso, escasa de color pardo-ocráceo claro, con olor aromático, herbáceo y a veces con trazas de almendras amargas y sabor dulce, fúngico.
Observaciones	Fructifica en grupos numerosos formando a veces corros de brujas, desde el final del verano y durante el otoño en zonas abiertas y pastizales serranos, indiferente a la naturaleza del sustrato.

Es una especie perteneciente al grupo de clitocibes blancos de pequeño porte, todas ellas consideradas como bastante tóxicas y a veces de difícil determinación. Se caracteriza por el particular aspecto rivuloso del sombrero y su hábitat restringido a pastizales y herbazales. Todas las especies de este grupo poseen toxinas que provocan síndromes de tipo muscarínico graves.

● *Collybia butyracea* (Bull.) Fr.
Colibia mantecosa,
seta de la mantequilla

Píleo	De 2,5-5 (7) cm de diámetro, convexo en ejemplares jóvenes, más tarde aplanado y con umbo central, superficie lisa, fuertemente higrófana, con aspecto graso o untuoso, claramente bicolor en tiempo seco, con tonos castaños hasta pardo-amarillentos, que al secar toman tintes pardo-ocráceos o pardo-grisáceos claros, permaneciendo siempre más oscuro el mamelón central.
Himenio	Con láminas apretadas, estrechas, adnatas a casi libres, sinuosas, de color blanquecino al principio, luego con tonos levemente rosados.
Pie	De 4-8 x 0,4-1,5 (2) cm, cilíndrico y claviforme hacia la base, hueco, de tonos pardo-rojizos a pardo-amarillentos, a menudo cubierto en su tercio inferior con un tomento blanquecino.
Carne	Blanquecina, pardo clara bajo el sombrero, olor y sabor agradables, con un leve reflejo resinoso o incluso afrutado.
Observaciones	Especie de aparición otoñal en grupos numerosos sobre humus de todo tipo de bosques y sustratos, más frecuente en suelos ácidos. Muy común en pinares de *P. sylvestris* en la sierra de Guadarrama.

Es una especie muy polimórfica aunque fácil de reconocer en el campo. La presencia de un píleo fuertemente higrófano con un característico tacto grasiento y mantecoso, así como un pie mazudo y elástico la hacen identificable. Especie comestible de escasa calidad o indiferente.

● *Collybia dryophila* (Bull.) P. Kumm.

Colibia de los robles, colibia temprana

Píleo — De 2-7 cm de diámetro, convexo al principio, más tarde aplanado y algo sinuoso; superficie lisa, mate, higrófana, con tonos desde amarillo-ocre pálido a pardo en tiempo húmedo, crema pálido o blanquecino al secar.

Himenio — Con láminas apretadas, emarginadas, rectas o apenas ventrudas y de tonos crema-blanquecinos.

Pie — De 3-7 x 2,3-5 cm, cilíndrico, elástico, flexuoso, de consistencia cartilaginosa y tonos similares al píleo o incluso más oscuros con la humedad, con presencia en la base de rizoides blanquecinos.

Carne — De blanca a ocrácea, escasa, acuosa, olor herbáceo y sabor banal.

Observaciones — Fructifica en grandes grupos, prácticamente durante todas las estaciones del año si las condiciones son favorables, en casi todo tipo de bosques tanto en suelos ácidos como calcáreos. En la sierra es una de las especies de recolección más precoz en otoño.

Forma parte de un complejo de especies muy próximas entre sí, consideradas por ciertos autores como simples variantes ecológicas. Aunque considerada como comestible, su calidad y aprovechamiento culinario son muy bajos.

Barbuda, matacandil,
apagador

Píleo   De 2-7 cm de diámetro y 5-20 (25) cm de longitud, al principio cilíndrico, más tarde cilíndrico-ovoide o campanulado; superficie seca, mate, de tonos blanquecinos o crema-pálidos, densamente cubierta de escamas, blanquecinas al principio y luego crema-ocráceo salvo en el disco, que no rompe en escamas y permanece liso y de color pardo-ocráceo.

Himenio   Con láminas anchas, muy apretadas, ascendentes, de color blanquecino al principio, luego rosado-púrpura pálidas y finalmente convertidas en un líquido negro, a modo de tinta como consecuencia de su delicuescencia.

Pie   De 10-30(35) x 1-2,5 cm, cilíndrico, esbelto, bulboso en la base, liso, muy quebradizo y hueco con una acanaladura en su interior, provisto de un anillo subapical blanco, de consistencia farinosa, móvil, que con frecuencia permanece en la base del pie.

Carne   Frágil, de color blanco, con olor agradable recordando al de las nueces y de sabor fúngico, suave.

Observaciones   Desde la primavera hasta el final del otoño de forma gregaria, a veces en grupos muy numerosos, en lugares herbosos y sustratos muy nitrificados. Muy común en los zonas abiertas serranas, muy buscada por los aficionados.

Es prácticamente inconfundible por sus grandes carpóforos blancos, su píleo apenas extendido en la madurez y la delicuescencia de sus láminas. Es considerado como un excelente comestible con un sabor agradable, aunque solo los basidiocarpos jóvenes no delicuescentes.

Coprinus niveus (Pers.) Fr.
Coprino blanco de nieve

Píleo	De 2-4 cm de diámetro, primero cilíndrico u ovoide, luego cónico-campanulado, delicuescente desde el margen hasta el disco central; superficie mate, surcada radialmente, de color crema a ocre y cubierta en su totalidad por un velo granular de color blanco-níveo y textura pulverulenta, fácilmente desprendible con la manipulación.
Himenio	Con láminas apretadas, ventrudas y libres, de color primero blanquecino, luego grisáceo-pálido y finalmente negruzco y delicuescentes.
Pie	De 3-8 x 0,3-0,6 cm, cilíndrico o levemente arqueado y ensanchado en la base, con la superficie pruinosa-fibrilosa por los restos de velo.
Carne	Escasa, membranosa, de color blanco a gris-pálido, sin olor y sabor destacables.
Observaciones	Crece aislado o en pequeños grupos desde primavera a finales de otoño, directamente sobre excrementos de ganado vacuno y equino. Es una especie muy abundante y fácil de observar en pastizales serranos con ganado.

Es muy fácil de identificar por su ecología fimícola y el velo harinoso blanco puro de sus carpóforos. No tiene interés como comestible.

Coprinus picaceus (Bull.) Gray
Coprino blanco y negro,
urraca

Píleo   De 3-6 cm de diámetro, al principio cilíndrico a ovoide-cilíndrico, más tarde cónico-campanulado e incluso campanulado-convexo, muy delicuescente; superficie acanalada-crestada, brillante, de color blanco-grisáceo, gris-sepia o pardo-grisáceo al principio, finalmente negruzca, cubierta con placas poligonales anchas procedentes del velo universal, de tonos blanco puro a beis o rosado.

Himenio   Con láminas anchas, muy densas, ascendentes, ventrudas, de color al principio blancas, luego rosado-vinosas y finalmente negruzcas y delicuescentes.

Pie   De 7-25 (30) x 0,5-1,5 cm, cilíndrico o ligeramente bulboso en la base, frágil, hueco, de color blanquecino y a veces con un resto anular fugaz.

Carne   Escasa, blanquecina con olor débil algo desagradable y sabor poco apreciable.

Observaciones   Fructifica en otoño y hasta bien entrado el invierno, en grupos pequeños en el humus de bosques de planifolios, en especial Fagáceas (*Quercus*, *Fagus*, etc.) sobre sustratos preferentemente básicos. Relativamente rara, aunque puede ser observada bajo melojos en áreas frescas y húmedas de la sierra del Guadarrama.

Es fácil de reconocer por su gran tamaño y la combinación de colores de su píleo con grandes placas blancas sobre fondo grisáceo oscuro. No tiene interés culinario alguno.

● *Entoloma sericeum* (Bull.) Quél.

Rodófilo sedoso

Píleo De 1-5 cm de diámetro, al principio cónico-convexo y más tarde convexo-campanulado con una pequeña papila; superficie mate o sedosa, algo fibrilosa radialmente, higrófana, estriada por transparencia, de tonos pardo-grisáceos en húmedo, palideciendo a beis-pardo al deshidratar.

Himenio Con láminas anchas, estrechamente adnatas, de color blanco-grisáceo al principio, luego gris o pardo-grisáceas con tintes rosados.

Pie De 2,5-6(8) x 0,3-0,6 cm, cilíndrico o algo ensanchado hacia la base, frágil, hueco, con la superficie mate, con fibrillas blancas longitudinales sobre un fondo pardo-grisáceo.

Carne Escasa, delgada, de color pardo-grisáceo, con olor y sabor fuertemente harinosos.

Observaciones Fructifica de forma gregaria desde el verano hasta el invierno, saprofíticamente entre la hierba o en tapices musgosos en zonas abiertas, claros de bosques, márgenes de caminos, etc., e indiferente al sustrato. En la sierra es una de las especies más comunes y abundantes del género.

Se caracteriza por su pie fibriloso longitudinalmente, el aspecto sedoso y brillante de su píleo, su fuerte olor a harina y sus esporas isodiamétricas. No presenta ningún interés como comestible.

●●● *Entoloma sinuatum* (Bull.) P. Kumm. (=*Entoloma lividum* Quél.)

Seta engañosa,
entoloma lívido,
pérfida

Píleo	De 5-20 cm de diámetro, cónico-convexo al principio del desarrollo y más tarde convexo o aplanado y obtusamente mamelonado; superficie lisa, glabra, brillante en seco, ligeramente untuosa, no higrófana, de tonos gris-parduzco, beis o incluso crema, con fibrillas radiales adnatas y frecuentemente manchada de gútulas en tonos más oscuros.
Himenio	Con láminas densas, de adnatas a emarginadas, ventrudas, de tonos primero cremoso amarillento, luego rosa-salmón y finalmente ocre-rosados.
Pie	De 6-15 x 0,5-3(4) cm, cilíndrico o algo ensanchado hacia la base, macizo, robusto, con la superficie de fibrilosa a pruinosa sobre todo en el ápice, de tonos blanquecinos a cremosos.
Carne	Densa, firme, blanquecina, con olor y sabor harinosos muy marcados.
Observaciones	Fructifica en grupos numerosos y a menudo formando corros de brujas, desde el final del verano y hasta el invierno, bajo formaciones húmedas de caducifolios (*Quercus*, *Fagus*, *Castanea*, etc.). En la sierra no es un taxon especialmente abundante, aunque fructifica bajo diferentes especies de robles.

Es una especie muy tóxica y de gran porte que los aficionados deberían conocer y diferenciar bien de otros táxones comestibles de similar tamaño. Algunos de sus caracteres diferenciales son el tamaño (inusual para el género), su superficie pileíca en tonos gris-cremoso pálidos o sus láminas típicamente amarillentas. Su ingestión provoca trastornos gastrointestinales de larga duración que en ocasiones pueden resultar muy graves.

Galerina rebordeada

Píleo	De 1,5-2,5(4) cm de diámetro, hemisférico cuando joven y más tarde plano-convexo; superficie lisa, seca o algo lubrificada, higrófana, de color rojizo o pardo-ocráceo en tiempo húmedo, amarillo-ocráceo al deshidratar.
Himenio	Con láminas poco densas, delgadas, adnatas o decurrentes por un diente, de color al principio ocre-pálido y finalmente pardo-rojizo.
Pie	De 3-5(7) x 0,1-0,6 cm, cilíndrico o algo decurvado, con la superficie por encima del anillo blanquecina y fibrilosa sobre un fondo parduzco, con un anillo de fibriloso a membranoso, fugaz, colgante, de color blanco pero normalmente teñido de pardo-rojizo por el depósito esporal.
Carne	Delgada, de color ocre-pálido a parduzco, con olor y sabor farináceos.
Observaciones	Fructifica en grupos densos y generalmente no fasciculados, durante el otoño y hasta bien entrado el invierno, saprofíticamente sobre tocones, restos leñosos de madera muy descompuesta y enterrada, ramas, etc., preferentemente de especies de coníferas. Muy abundante en madera muerta de varias especies de pino, tanto en zonas de montaña como más bajas.

Es una de las especies más distribuidas y frecuentes del género, y se caracteriza por presentar un pie con anillo membranoso, esporada de tonos ocre-parduzcos y un crecimiento sobre madera de coníferas principalmente. Debe ser bien diferenciada y conocida sobre el terreno, ya que es muy tóxica e incluso en ocasiones puede resultar mortal, debido al alto contenido en amanitinas de sus fructificaciones.

Gymnopilus penetrans (Fr.) Murrill
Gimnopilo penetrante, seta amarga

Píleo   De 2-8 cm de diámetro, primero hemisférico-convexo y finalmente convexo o plano-convexo, a veces con mamelón
obtuso; superficie lisa, glabra o algo tomentosa, fibrilosa radialmente, de color amarillo-anaranjada, pardo-amarillenta
o incluso pardo-anaranjada.

Himenio   Con láminas densas, sinuosas, adnatas o decurrentes por un
diente, de color amarillento a amarillo-anaranjado y con
numerosas máculas de color pardo-azafrán.

Pie   De 2-6 x 0,6-0,8 cm, cilíndrico, a veces curvado y con la base
radicante, presentando restos cortiniformes en el ápice, de
tonos crema-pajizos u ocre-amarillentos, algo más oscuros
en la base.

Carne   Escasa, de color amarillento-pálido, con olor banal y de sabor
fuertemente amargo.

Observaciones   Fructifica en grupos pequeños y fasciculados, desde el verano
y hasta bien entrado el invierno, sobre madera muerta y, en
menor medida, sobre estróbilos de diferentes coníferas, resultando mucho más rara en madera de caducifolios. Muy
común, en especial en madera muerta y semienterrada de
pino en la sierra del Guadarrama.

Está considerado como no comestible debido al amargor de su carne, que tras
la ingestión provoca reacciones purgantes y eméticas.

Hebeloma sinapizans (Fr.) Sacc.

Hebeloma de olor a rábano

Píleo   De 4-11 cm de diámetro, primero hemisférico y finalmente plano-convexo; superficie lisa, glabra, viscosa con humedad, de color pardo-ocráceo o beis más pálido (blanquecino) en el margen.

Himenio   Con láminas apretadas, sinuosas, ventrudas, de adnatas a emarginadas, de tonos beis al principio y más tarde pardo-canela, con la arista flocosa de color blanco que no exuda gotas himeniales.

Pie   De 4-10 x 0,8-2,5 cm, robusto, cilíndrico, bulboso, recto o levemente incurvado, sin cortina, observándose al corte una lengüeta que desciende desde el píleo hacia el pie, de tonos crema, con la superficie cubierta con bandas o crestas escamosas que le dan un aspecto escamuloso-floconoso.

Carne   Densa, espesa, de tonos blanquecinos y olor fuertemente rafanoide o a patata cruda y de sabor amargo.

Observaciones   Fructifica en grupos en otoño y hasta bien entrado el invierno, asociado tanto a especies de planifolios como de coníferas, indiferente al sustrato. En el Guadarrama es una especie bastante común en todo tipo de bosques.

Es una especie muy frecuente, caracterizada por su gran porte, un pie bulboso ornamentado con bandas y/o crestas floconosas, la presencia de esporas citriformes y dextrinoides, así como un fuerte olor rafanoide. Es considerado como tóxico, causando importantes trastornos gastrointestinales tras su ingesta.

Hygrocybe conica (Schaeff.) P. Kumm.
Higróforo cónico

Píleo	De (3) 4-8 (10) cm de diámetro, cónico y con el ápice agudo o algo obtuso; superficie fibrilosa radialmente, mate, seca o un poco viscosa con la humedad, desde amarillo-oliváceo a amarillo-anaranjado o rojo-anaranjado más oscuro en el centro, que ennegrece con la madurez o la manipulación.
Himenio	Con láminas anchas, gruesas, ventrudas y poco densas, libres, de color blanquecino o amarillo-azufrado.
Pie	De 3-8 (10) x 0,5-1,5 cm, cilíndrico, a veces comprimido lateralmente con superficie seca de tonos amarillo-azufre a amarillo-anaranjado, más pálidos hacia la base, ennegreciendo en ejemplares más viejos.
Carne	Delgada, escasa, blanquecina o amarillenta bajo la cutícula del sombrero que ennegrece con el tiempo, de olor nulo y sabor banal, algo amarescente.
Observaciones	Aparece aislado o en grupos reducidos especialmente en otoño en pastizales o también en el suelo del bosque entre la hierba. Es una especie relativamente frecuente en pastizales de media y alta montaña de la sierra de Guadarrama.

Es considerada por los especialistas como una especie colectiva y polimórfica, en donde se han descrito numerosas formas o variantes que difieren entre sí por el tipo de coloración o el tamaño de sus carpóforos. Ninguno de los táxones de este complejo posee valor alguno a nivel culinario.

Higróforo de olor desagradable, seta de olor a almendras

Píleo	De 4-8 cm de diámetro, al principio hemisférico, más tarde plano-convexo con mamelón obtuso en el centro; superficie viscosa con humedad, pegajosa al secar, lisa, de color gris-beis a pardo-grisáceo, más oscura en el disco central.
Himenio	Con láminas espaciadas, delgadas, de consistencia cérea, de adnatas a decurrentes, de color blanco puro a blanco-grisáceo con la edad.
Pie	De 5-8 x 1-2 cm, cilíndrico, a veces ligeramente ensanchado en la base, seco, lleno, firme y con la superficie furfurácea hacia el ápice, de color blanco o pardeando al roce.
Carne	Gruesa en el centro, de tonos blanquecinos o gris-oliváceo pálidos bajo la cutícula, de olor intenso a almendras amargas y con sabor dulce.
Observaciones	Fructifica aislado o en pequeños grupos desde finales de verano hasta el comienzo del invierno, típicamente bajo coníferas de montaña sobre sustratos básicos. En la Comunidad de Madrid abunda en pinares de pino resinero o laricio sobre sustratos ricos en bases.

Es relativamente fácil de reconocer por su característico olor a almendras amargas o cianhídrico, su sombrero gris-parduzco viscoso, que a veces puede aparecer casi blanco. Es comestible, aunque considerado de calidad mediocre debido a su intenso olor que se ve intensificado con la cocción.

Hygrophorus chrysodon (Batsch) Fr.
Higróforo de dientes dorados

Píleo   De 3-7-cm de diámetro, convexo al principio, aplanado y obtusamente umbonado en la madurez; superficie fuertemente viscosa y glutinosa, brillante en tiempo húmedo, más mate y pegajosa al secar y característicamente ornada con flocones amarillo-citrinos en el margen.

Himenio   Con láminas anchas, espaciadas, céreas, de adnatas a subdecurrentes, de tonos blancos a crema, con la arista manchada por tramos de amarillo vivo.

Pie   De 3-8 x 0,5-1 cm, cilíndrico, adelgazado y a veces ensanchado hacia la base, con la superficie lisa de tonos blanco-crema y cubierta en su totalidad de flocones, amarillos en el tercio superior y blanquecinos en el resto.

Carne   Blanca, gruesa en el centro, de color blanco, olor débil algo resinoso o de almendra amarga y de sabor dulce.

Observaciones   Fructifica aislado o en pequeños grupos durante el verano y el otoño en un amplio rango de ecosistemas forestales. En el Guadarrama es más frecuente bajo *Pinus sylvestris*.

Es una especie fácil de identificar por sus característicos flocones de tonos amarillo-vivo del margen piléico y el ápice del pie, que la diferencian perfectamente de otras especies blancas de *Hygrocybe* de similar porte y hábitat. Está considerada como comestible muy mediocre.

●● *Inocybe geophylla* (Sowerby) P. Kumm.

Inocibe terrestre

Píleo	De 1-3,5 cm de diámetro, primero cónico campanulado, más tarde plano-convexo o aplanado con un prominente mamelón apical; superficie serícea, fibrilosa, seca y no higrófana, de color blanco-níveo al principio, luego decolorando con la edad a crema-pálido, ocráceo-pálido con tintes ocre-amarillentos en el disco central.
Himenio	Con láminas apretadas, ventrudas, libres, primero blanquecinas, más tarde pardo-lilacinas y finalmente pardo-amarillentas.
Pie	De 3-6 x 0,2-0,5 cm, cilíndrico y subgloboso en la base, recto o algo sinuoso, de superficie furfurácea y pruinosa en el ápice, de tonos blanquecinos, con la base teñida generalmente de ocre-amarillento, con cortina presente en ejemplares muy jóvenes, fugaz, que no deja restos en el margen del sombrero.
Carne	Escasa, de blanquecina a grisácea, con fuerte olor espermático y de sabor banal poco apreciable.
Observaciones	Fructifica en grupos pequeños desde la primavera hasta el final del otoño, bajo todo tipo de bosques y en todo tipo de sustratos. En el parque nacional es una especie muy frecuente, tanto en bosques de coníferas, como de frondosas en todos los rangos altitudinales.

Se reconoce por su sombrero cónico con un característico mamelón, generalmente blanquecino aunque es extremadamente variable, y con frecuencia con reflejos gris-lilacinos en la var. *lilacina*, su pie con la base bulbosa no marginada y un fuerte olor espermático. Está considerado como tóxico, ya que posee un elevado contenido de muscarina en relación a su pequeño tamaño.

Laccaria bicolor (Maire) P.D. Orton
Lacaria de dos colores

Píleo   De 1,5-5(10) cm de diámetro, primero hemisférico a convexo y a veces algo umbilicado, finalmente aplanado; superficie higrófana, finamente furfurácea o granulosa en seco y ligeramente estriada hacia el margen en tiempo húmedo, de tonos pardo-carne, rosa-carne o pardo-anaranjado, y en ocasiones con reflejos lilacinos en el margen.

Himenio   Con láminas gruesas, distantes, desde adnatas a subdecurrentes y de tonos rosa-lilacino o violáceo pálido cuando jóvenes, más rosadas al madurar.

Pie   De 4-8 x 0,4-0,8 cm, cilíndrico o engrosado hacia la base, hueco, de tonos pardo-rosados o naranja-rosados, y cubierto en la base por un denso micelio de tonos lila-pálidos o violáceos que se blanquea en ejemplares muy maduros.

Carne   Acuosa, delgada, escasa, de tonos blanquecinos a pardo-rosados, de olor y sabor banales.

Observaciones   Aparece aislado o en pequeños grupos, tanto bajo coníferas como bajo planifolios e incluso en vegetación arbustiva mediterránea, prefiriendo los suelos ácidos y de textura arenosa. En el Guadarrama es relativamente frecuente, fructificando en pinares de montaña, encinares e incluso jarales.

Es un taxon bien caracterizado macroscópicamente por la dualidad de tonos en sus carpóforos, siendo rosado-cárneos en el píleo y parte del pie, y contrastando con los tonos liláceos o violetas de sus láminas y el micelio o tomento de la base del estípite. Es considerada como una especie comestible, aunque de escasa calidad.

Lepiota roja

Píleo	De 2-4(6) cm de diámetro, al principio cónico o cónico-campanulado y más tarde plano-convexo o aplanado con un mamelón central obtuso; superficie uniforme en el disco central, pero rompiéndose en escamas aplicadas y concéntricas de tonos pardo-oscuro, pardo-castaño o más comúnmente pardo-púrpura sobre un fondo blanco-cremoso.
Himenio	Con láminas moderadamente densas, libres, ventrudas, de color blanco y más tarde crema.
Pie	De 2-5 x 0,2-0,5 cm, cilíndrico o algo engrosado en la base, hueco en ejemplares maduros, superficie en la parte superior lisa y de tonos crema u ocráceo-pálidos y en el resto escamosa con escamas del mismo tipo y tono que las del píleo, justo a partir del anillo que es cortiniforme, poco diferenciado y fugaz.
Carne	Escasa, de color blanco o rosado-cárneo en el pie, con olor débilmente afrutado y de sabor dulce.
Observaciones	Fructifica aislada o en pequeños grupos desde el verano y hasta el final del otoño, en zonas herbosas y claros de bosque, preferentemente bajo frondosas, y en especial sobre suelos básicos nitrificados.

Se caracteriza por su pie con anillo muy fugaz o cortiniforme con restos escamosos de tonos vinosos por debajo de este, cutícula piléica con escamas concéntricas en tonos pardo-púrpuras y olor débilmente afrutado. Es una de las especies que, por su época y lugares de aparición (incluso parques y zonas verdes metropolitanas), provoca más intoxicaciones graves en nuestro país, incluso por encima de las atribuidas a distintas especies de *Amanita* que causan el mismo tipo de trastorno hepático.

●●● *Lepista nuda* (Bull.) Cooke

Seta de pie azul,
pezón azul,
cardenal, pistonuda

Píleo	De 5-15(20) cm de diámetro, primero convexo y más tarde aplanado y ondulado-flexuoso con el centro débilmente umbonado o incluso deprimido; superficie lisa, mate o un poco lardácea, levemente viscosa en tiempo húmedo, de tonos violeta, azul-violeta, liláceo o pardo-liláceo.
Himenio	Con láminas densas, delgadas, de adnatas a ligeramente emarginadas, con lamélulas, de tonos lila a gris-lila con reflejos azulados.
Pie	De 5-10 x 1-3 cm, de cilíndrico a claviforme o incluso bulboso, fibroso, firme y con la superficie fibrilosa de tonos azul-violáceo sobre fondo blanquecino, con el ápice azul-liláceo y finamente floconoso.
Carne	Abundante en el centro y adelgazada en los márgenes, de tonos lila bajo la cutícula y olor fuertemente aromático, afrutado y agridulce y de sabor también dulce y aromático.
Observaciones	Fructifica generalmente en grupos, a menudo formando corros de brujas, desde primavera a invierno en herbazales y degradando humus de todo tipo de bosques, márgenes de camino, etc. Especie muy común y apreciada en el centro peninsular y en especial en la Comunidad de Madrid, donde es especialmente abundante en encinares y bosques mixtos de la sierra.

Es un taxon muy común y bien conocido por los aficionados, fácil de reconocer por los tonos violeta, lila o pardo-liláceos de su sombrero, por las láminas y pie violetas o liláceos y el sabor y olor fuertemente aromático de sus carpóforos. Es un excelente comestible muy apreciado por los aficionados aunque, no obstante, se han descrito casos de alergia o intolerancia a esta seta tras su consumo.

Pie violeta, seta de riñón

Píleo   De 5-12(16) cm de diámetro, al principio hemisférico y más tarde convexo o aplanado e irregularmente ondulado-flexuoso en ejemplares viejos; superficie lisa, mate, seca o algo untuosa con humedad, de tonos gris-ocre o gris-beis al principio, más tarde pardo claro o pardo-grisáceo.

Himenio   Con láminas estrechas, densas, de emarginadas a algo decurrentes, con tonos blanquecinos a beis claros.

Pie   De 3-10 x 1,2-3 cm, cilíndrico, robusto, corto y algo ensanchado hacia la base, con la superficie cubierta de fibrillas longitudinales violetas sobre un fondo blanquecino, con el ápice finamente floconoso en tonos azul-liláceos y la base densamente cubierta de un tomento miceliar blanquecino.

Carne   Compacta, firme y gruesa, de tonos blanquecinos y con olor suave y afrutado y sabor dulce y suave.

Observaciones   Fructifica en grupos numerosos en otoño y principios del invierno en prados, herbazales, claros de bosque y generalmente en suelos calcáreos. En la sierra no es especialmente frecuente, siendo mucho más rara que otras lepistas comestibles de tonos azules o violáceos.

Se diferencia sobre el terreno de *L. nuda* (Bull.) Cooke por la ausencia de tonos violáceos, amatista o liláceos en su píleo y láminas. Está considerado como un excelente comestible, de calidad superior a *L. nuda* según numerosos autores y aficionados.

Leucopaxillus gentianeus (Quél.) Kotl.
Seta amarga

Píleo	De 5-15 cm de diámetro, primero convexo y luego plano-convexo o aplanado e incluso algo deprimido; superficie mate, no higrófana, levemente tomentosa o aterciopelada, de tonos pardos, pardo-rojizos o pardo-ladrillo, dando un aspecto areolado-escuamuloso en el centro en ejemplares maduros.
Himenio	Con láminas estrechas, apretadas, de adnatas a sinuadas, de tonos blanco-puros o crema-pálido, con la arista entera y concolor.
Pie	De 4-8 x 1-2 cm, macizo, cilíndrico o levemente claviforme, a veces curvado, con la superficie pruinosa-furfurácea y de color blanco.
Carne	Firme, espesa, de color blanco, con olor harinoso y sabor fuertemente amargo.
Observaciones	Fructifica de forma aislada o en pequeños grupos, principalmente en otoño, tanto bajo coníferas como caducifolios, indiferente al sustrato. Es bastante común, tanto en pinares serranos como bajo especies esclerófilas de *Quercus* (encinares, quejigares, etc.) en zonas más bajas.

Es fácil de identificar en el campo por el contraste de colores de sus basidiocarpos, blancos en pie y láminas y pardo-rojizos en el píleo, además de por su insoportable sabor amargo. Esta última cualidad organoléptica hace que *Leucopaxillus gentianeus* carezca de interés culinario.

Limacella illinita (Fr.) Maire

Píleo   De 3-6 cm de diámetro, primero globoso y más tarde convexo-campanulado e incluso aplanado con mamelón obtuso y margen de incurvado a plano, no estriado y excediendo el sombrero por restos apendiculados gelatinosos provenientes de la cutícula; superficie lisa, mate, brillante, fuertemente glutinosa por una capa mucilaginosa e hialina, pegajosa con la humedad, de color pardo-ocráceo, palideciendo hacia tonalidades amarillento-cremosas salvo en el disco central que permanece con tonos ocráceos.

Himenio   Con láminas densas, anchas, de libres a sinuadas, no gelatinizadas y de color blanco.

Pie   De 5-10 x 0,5-1 cm, cilíndrico o levemente adelgazado hacia la base, hueco con la edad, frágil, con restos anulares más o menos evidentes hacia el tercio apical, por encima de los cuales la superficie aparece pruinosa y de tonos blanquecinos, siendo fuertemente viscoso-glutinoso y de tonos ocre o blanquecino-cremoso por debajo.

Carne   Gruesa bajo el píleo, de color blanquecino y con olor y sabor algo harinosos.

Observaciones   Aparece aislada o en pequeños grupos durante el otoño, tanto bajo planifolios como coníferas e indiferente al sustrato. Es relativamente frecuente bajo coníferas, especialmente en pinares de pino albar (*P. sylvestris*) de la sierra del Guadarrama.

Se caracteriza por sus carpóforos de aspecto «lepiotoide» o «amanitoide» de tonos blanquecinos y con la cutícula piléica y parte del pie fuertemente gelatinizados. Los ejemplares secos y decolorados de *Limacella illinita* podrían parecerse a ciertas amanitas blancas mortales, por lo que se recomienda evitar su consumo.

●●● *Macrolepiota procera* (Scop.) Singer

Apagador, matacandelas, palo de tambor, parasol

Píleo	De 8-30 cm de diámetro, primero globoso, subgloboso, cónico-campanulado o hemisférico y después aplanado, convexo o plano-convexo con un mamelón muy prominente y obtuso; superficie rompiendo en grandes escamas pardas, pardo-ocráceas o castaño-parduzcas concéntricas sobre un fondo blanquecino o crema, más densas y apretadas en el disco central.
Himenio	Con láminas densas, ventrudas, libres, de color blanquecino al principio, más tarde crema-ocráceas y finalmente enrojeciendo con la edad.
Pie	De 10-30 x 1-3 cm, delgado, cilíndrico y ensanchado progresivamente hacia la base que se dilata en un bulbo napiforme, hueco-fistuloso, con la superficie en tonos crema-ocráceos o pardo-ocráceos que rompe en escamas transversales zonadas dándole un característico aspecto atigrado sobre un fondo blanco, con un anillo membranoso doble y móvil.
Carne	Tierna en el píleo y fibrosa en el pie, de color blanquecino y con olor agradable y sabor afrutado que recuerda al de las avellanas.
Observaciones	Aparece de forma gregaria durante el otoño, en zonas herbosas, márgenes de caminos o claros de bosques, tanto de coníferas como de planifolios. Es una especie muy común y abundante en todo tipo de ecosistemas, muy buscada por los aficionados en áreas serranas.

Es prácticamente inconfundible sobre el terreno por la gran talla de sus fructificaciones, un sombrero mamelonado y cubierto de numerosas escamas concéntricas de tonos parduzcos, el pie zonado-atigrado y su carne blanca inmutable. *Macrolepiota procera* está considerada como un comestible excelente.

Marasmius oreades (Bolton) Fr.

Senderuela, carretilla, rojilla, carrerilla

Píleo	De 2-5,5 cm de diámetro, al principio hemisférico-campa-nulado o convexo, más tarde aplanado y con mamelón o umbo obtuso; superficie lisa, fuertemente higrófana, de tonos ocre-anaranjados a parduzco-claros y de aspecto lar-dáceo brillante en tiempo húmedo, crema-alutácea y con el disco más oscuro al secar.
Himenio	Con láminas espaciadas, anchas, sinuosas, con numerosas la-mélulas, de blanquecino a crema.
Pie	De 3-7(10) x 0,3-0,6 cm, cilíndrico o un poco comprimido, tenaz, elástico, fistuloso en ejemplares maduros, de tonos crema a parduzcos y con una pruina blanquecina en la base.
Carne	Elástica, cartilaginosa, blanquecina, con olor agradable y un leve reflejo a almendras amargas (cianhídrico) y sabor fún-gico agradable.
Observaciones	Fructifica en forma de grupos muy densos y numerosos, for-mando círculos o corros de brujas, durante toda época si las condiciones son favorables, de forma saprofítica y con ecología pratícola en herbazales, bordes de caminos, etc. Es una especie muy común en la sierra y apreciada por los aficionados.

Es un taxon muy buscado para su consumo, bien en fresco, bien de forma deshi-dratada para su utilización como condimento de sopas, salsas, etc.

● *Mycena epipterygia* (Scop.) Gray.
Micena de los helechos

Píleo   De 1,2-2(2,5) cm de diámetro, primero campanulado con un mamelón aplanado en el centro; superficie de lisa a estriada radialmente, estriada por transparencia, muy viscosa y glutinosa, brillante, de tonos variables, desde blanquecina o crema-blanquecina a amarillo-limón o amarillo-pálido con reflejos parduzcos, e incluso a veces manchada de pardo-rojizo, con la cutícula muy gomosa y fácilmente separable.

Himenio   Con láminas anchas, espaciadas, de largamente adnatas a decurrentes en sección, de blanquecinas a blanco-cremosas o con reflejos rosáceos con la edad.

Pie   De 3-8 x 0,1-0,3 cm, cilíndrico o a veces algo ensanchado en la base, flexible, hueco, con la superficie lisa y con una densa pruina blanquecina al principio del desarrollo, que se conserva solo en el ápice en ejemplares maduros, viscosa con la zona cortical separable como una película elástica, de tonos amarillo-limón que más tarde palidecen a blanquecino o crema con reflejos parduzcos.

Carne   Escasa, de tonos blanquecinos, con olor rancio o farináceo y de sabor no específico pero levemente picante.

Observaciones   Aparece gregaria, generalmente en otoño o desde el final del verano descomponiendo humus, restos leñosos o entre musgos, en todo tipo de bosques en entornos húmedos. Relativamente abundante en el Guadarrama en los hábitats descritos.

Es considerada como un especie compleja, con numerosas variedades según el rango de tonalidades que presentan todas las formas de transición. Ninguna de ellas tiene interés gastronómico alguno.

• *Mycena pura* (Pers.) P. Kumm.

Micena pura

Píleo	De 2-5 cm de diámetro, primero campanulado, más tarde plano-convexo y ondulado con mamelón obtuso en ejemplares maduros, con la superficie lisa o finamente afieltrada, brillante y untuosa, higrófana y estriada, de color muy variable, desde violeta-liláceo, violeta-rosáceo o rosáceo hasta tonos blanquecinos o amarillentos más pálidos al secar.
Himenio	Con láminas apretadas, anchas, ventrudas, de sublibres a emarginadas, con tonos gris-blanquecinos y reflejos liláceos.
Pie	De 3-7 x 0,3-0,8 cm, cilíndrico o algo ensanchado hacia la base, a veces aplastado, algo fibriloso longitudinalmente, de color gris-violáceo y con la base más oscura.
Carne	Acuosa, escasa, de color gris-lilacino y de olor y sabor muy característicos a rábano o patata cruda.
Observaciones	Aparece aislada o en pequeños grupos, desde primavera hasta ya entrado el invierno, sobre el humus de todo tipo de bosques, tanto de coníferas, como de planifolios, e indiferente a la naturaleza del sustrato. En la sierra una especie muy común bajo todo tipo de especies arbóreas y a muy variada altitud.

Es una especie muy frecuente y común, caracterizada sobre el terreno por su olor rafanoide o de patata cruda. Está considerada como tóxica, causante de trastornos gastrointestinales más o menos severos.

● *Oudemansiella mucida* (Schrad.) Höhn.

Mocosa

Píleo   De 1,5-10 cm de diámetro, al principio hemisférico o acampanulado y finalmente convexo a plano-convexo con el margen algo incurvado e irregular; superficie fuertemente viscosa a glutinosa, cubierta de una potente capa de mucílago, especialmente en tiempo húmedo, lisa, con tonos de blanco puro a blanquecino-grisáceo o gris-parduzco, dependiendo del grado de hidratación y la edad.

Himenio   Con láminas espaciadas, gruesas, adnatas y de tonos blanquecinos.

Pie   De 3,5-10 x 0,2-1 cm, cilíndrico o algo recurvado y levemente ensanchado en la base; superficie estriada-acanalada, seca y blanquecina por encima de un anillo membranoso, blanco sucio y fuertemente viscoso por debajo del mismo.

Carne   Escasa, de tonos blanquecinos a grisáceos, con olor y sabor débiles, banales.

Observaciones   Fructifica aislada o en pequeños grupos fasciculados, preferentemente en otoño y exclusivamente sobre madera muerta o muy degradada de haya (*Fagus sylvatica*). En el territorio serrano su presencia se circunscribe a las masas relícticas de haya del municipio de Montejo de la Sierra.

Es prácticamente inconfundible sobre el terreno por su hábitat exclusivo sobre madera de haya, sus carpóforos blancos con un sombrero fuertemente mucilaginoso-glutinoso con un anillo membranoso patente. No presenta interés gastronómico alguno.

● *Panaeolus semiovatus* (Sowerby) S. Lundell & Nannf.

Paneolo anillado,
paneolo semiovado

Píleo　De 3-5 cm de diámetro, al principio ovoide o semicircular y finalmente campanulado o hemisférico, con el margen de incurvado a plano, excedente y en ocasiones con restos membranosos amplios procedentes del velo parcial; superficie glabra, no higrófana, lisa o levemente rugoso-reticulada o venosa, lubricada en tiempo húmedo y brillante y agrietada al deshidratar, de tonos blanquecino-rosáceos, crema-ocráceos o arenosos, con el disco central siempre más oscuro.

Himenio　Con láminas anchas, ventrudas, de adnatas a libres en ejemplares maduros, de color primero gris-pálido con máculas negras hasta completamente negruzcas al completar su maduración.

Pie　De 5-15 x 0,2-0,8 cm, cilíndrico y algo engrosado e incluso subulboso en la base, rígido, hueco, de color blanco-crema o crema-ocráceo en la base, con un anillo membranoso ascendente, fugaz, de tonos blanquecinos; superficie lisa bajo el anillo y floconosa cerca de la inserción con el pie.

Carne　Escasa, blanquecina, de olor y sabor no característicos.

Observaciones　Fructifica de forma aislada o en grupos reducidos desde primavera hasta otoño, sobre excrementos de distintos tipos de ganado (vacuno, equino, etc.), con preferencia por zonas de montaña. En nuestro territorio es muy común, especialmente en zonas altas de la sierra.

Se caracteriza por su hábitat estrictamente coprófilo y por sus grandes carpóforos con tonalidades pálidas y con un anillo patente. Carece de interés como comestible.

Pholiota pinicola Jacobson
Foliota de los pinos

Píleo De 2-9 cm de diámetro, primero hemisférico-campanulado y finalmente plano-convexo o aplanado y obtusamente mamelonado; superficie algo víscida con la humedad, muy higrófana, de tonos pardo-anaranjados pálidos o amarillento-rojizos, palideciendo hasta amarillo-canela al secar.

Himenio Con láminas estrechas, densas, de adnatas a emarginadas o decurrentes por un diente, de color ocre-amarillento al principio y finalmente pardo-ferruginosas.

Pie De 7-15 x 0,5-1(1,5) cm, cilíndrico o con la base algo adelgazada y radicante, elástico, con la superficie surcada longitudinalmente y con zona anular fibrilosa muy fugaz, de color blanquecino o pardo-amarillento en el tercio superior, oscureciendo gradualmente a pardo-ferruginoso hacia la base.

Carne De color amarillento-pajizo, más oscura (pardo-anaranjado) en la base, de olor y sabor banales.

Observaciones Aparece en fascículos densos durante el otoño, en troncos muertos, tocones o madera semienterrada de pino albar (*Pinus sylvestris*). En el Guadarrama es muy fiel al mencionado hábitat en bosques de montaña.

Se caracteriza bien por su hábitat exclusivo sobre *Pinus sylvestris* y los tonos amarillo-anaranjados apagados de su píleo. No tiene ningún interés como comestible.

Seta de cardo,
gatuña,
seta de cañaeja

Píleo De 1-10(12) cm de diámetro, primero convexo y más tarde plano-convexo o incluso deprimido en el centro; superficie seca, levemente brillante en seco y mate con la humedad, higrófana, generalmente lisa o levemente tomentosa, de tonos muy variables, desde pardo, pardo-ocráceo, pardo-negruzco o incluso pardo-violáceo oscuro.

Himenio Con láminas poco apretadas, de subdecurrentes a decurrentes, a veces anastomosadas en su unión con el pie, de color blanco, crema u ocráceas en ejemplares maduros.

Pie De 3-7 x 1-2 cm, excéntrico o lateral, bien desarrollado, cilíndrico o ventrudo, liso, glabro, atenuado hacia la base que a veces es radicante y se prolonga conectando con las raíces de ciertas especies vegetales de la familia de las Umbelíferas.

Carne Espesa, carnosa, algo elástica, de color blanco y de olor y sabor fúngico, agradable.

Observaciones Fructifica aislada o en grupos en otoño o incluso en primavera, de modo saprófito o parasítico en raíces de algunos géneros de Umbelíferas (*Ferula*, *Thapsia*, *Laserpitium*, etc.), mayoritariamente en las de *Eryngium campestre* (cardo corredor), sobre suelos baldíos, barbechos y zonas nitrificadas. En estos hábitats del territorio serrano es, sin duda, una de las especies más apreciadas por los aficionados, resultando además bastante común.

Es una especie inconfundible por su ecología pratícola, sobre el suelo desnudo pero asociada a las raíces muertas de algunas Umbelíferas (con preferencia por el cardo corredor). Considerada como un comestible excelente, de textura fina y sabor muy agradable.

●●● *Pleurotus ostreatus* (Jacq.)
P. Kumm.

Pleurota en forma de concha,
pleurota en forma de ostra,
seta de alpaca, seta de chopo
negra, oreja de fraile

Píleo	De 4-20(25) cm de diámetro, de morfología variable, conchoide, auricular, didimiado, flabeliforme, semicircular, etc., con un perfil convexo en ejemplares jóvenes, aplanándose en la madurez, incluso mostrando al final del desarrollo un perfil deprimido o algo infundibuliforme; superficie glabra, higrófana, ligeramente brillante, de tonos muy variables, desde azul-grisáceo, pardo-grisáceo, pardo-negruzco o gris-negruzco, e incluso blanco, crema o crema-grisáceo en las variedades cultivadas, siempre palideciendo con la deshidratación.
Himenio	Con láminas apretadas, fuertemente decurrentes, anastomosadas en la base, de color blanquecino a crema al madurar.
Pie	Excéntrico, lateral, relativamente corto o a veces inexistente, velutinoso, elástico y de tonos blanquecinos.
Carne	Tenaz, elástica, fibrosa-carnosa, de color blanco, con olor y sabor fúngicos, agradables.
Observaciones	Fructifica en grupos fasciculados desde primavera hasta el final del otoño, sobre numerosas especies de planifolios (chopos, olmos, tilos, hayas, etc.), más raramente en coníferas. En el parque nacional es una especie muy abundante sobre todo tipo de frondosas, pudiendo ser recolectada en el mismo árbol durante varios años.

Es otra de las especies más populares y consumidas a nivel nacional, en especial los ejemplares provenientes del cultivo industrial, tan extendido en nuestro país como el del champiñón, estando considerada como un excelente comestible.

● *Pluteus cervinus* (Schaeff.) P. Kumm.

Plúteo cervino

Píleo De 3-18 cm de diámetro, convexo al principio y luego plano-convexo o aplanado y a menudo umbonado; cutícula lisa, levemente brillante en tiempo húmedo, no higrófana, algo arrugada en el centro, donde a menudo presenta fibrillas radiales innatas, de color variable, pardo, pardo-cervino, pardo-rojizo o pardo-grisáceo, siempre más claro en el margen.

Himenio Con láminas libres, apretadas, blanquecinas al principio y finalmente rosa-salmón.

Pie De 4-15 x 0,5-2,5 cm, cilíndrico o algo ensanchado hacia la base, curvado, con fibrillas longitudinales más o menos densas de color pardo oscuro a negruzco sobre fondo blanquecino.

Carne Escasa, blanca, de olor y sabor levemente rafanoides.

Observaciones Aparece solitaria o en grupos pequeños desde primavera hasta el final del otoño, sobre restos de madera muerta, tocones o excepcionalmente en el suelo, en bosques de planifolios (principalmente Fagáceas) y mucho más raramente en bosques de coníferas. En nuestra región es una especie muy común, siendo relativamente fácil de observar en los melojares serranos.

Es una de las especies mejor conocidas por los aficionados, caracterizándose por su hábitat saprofítico, su sombrero de gran tamaño de tonos parduzcos, sus láminas rosadas y por la presencia de fibrillas negruzcas longitudinales en su pie. Está considerado como un comestible mediocre.

Pseudoclitocybe cyathiformis (Bull.) Singer
Seta embudada

Píleo De 3-9(15) cm de diámetro, umbilicado e infundibuliforme; superficie lisa, glabra y fibrilosa radialmente, brillante en tiempo húmedo, de tonos pardo-chocolate cuando húmedo, luego pardo-grisáceo o pardo-crema al secar.

Himenio Con láminas apretadas, estrechas y decurrentes con tonos beis-grisáceos al principio, más oscuras al madurar.

Pie De 5-10 x 0,5-1 cm, cilíndrico y engrosado hacia la base, hueco con la superficie cubierta de fibras longitudinales blanquecinas sobre un fondo similar a los tonos del sombrero; base recubierta de micelio blanquecino y a veces con presencia de rizomorfos.

Carne Escasa, esponjosa con tonos beis-grisáceos, olor y sabor agradable, fúngico.

Observaciones Aparece de modo gregario durante otoño e invierno en entornos herbosos de todo tipo de bosques, incluso sobre madera muy descompuesta, indiferente al sustrato. Especie muy común en el Guadarrama, especialmente en pinares de montaña.

Se reconoce fácilmente por el característico perfil en copa de su sombrero y los tonos oscuros del mismo. Es considerado como un comestible de baja calidad.

● *Stropharia aeruginosa* (Curtis) Quél.

Estrofaria verde

Píleo de 2,5-4,5(7) cm, hemisférico al principio y más tarde convexo o aplanado con un mamelón central obtuso; cutícula separable, muy viscosa y glutinosa con la humedad, pegajosa en seco, de tonos verde-azulados que se tornan pardo-ocráceos o pardo-amarillentos en ejemplares más viejos, y cubierta por pequeñas escamas o flocones blanquecinos más densos hacia el margen en los ejemplares más jóvenes.

Himenio Con láminas apretadas, sinuosas, ligeramente ventrudas, emarginadas y de tonos blanco-rosados al principio, más tarde pardo-liláceos o crema-liláceos y finalmente negruzcos con reflejos púrpuras.

Pie De 4-7,5(10) x 0,4-1 cm, cilíndrico o curvado, ahuecándose con la edad, frágil, de tonos similares a los del píleo o algo más claros, con un anillo membranoso de color blanco o verde-azulado y persistente.

Carne Escasa, de color blanquecino o verde-azulado hacia la base, con olor y sabor banales.

Observaciones Fructifica durante el verano y hasta el final del otoño en grupos, saprofíticamente sobre humus o madera podrida en todo tipo de bosques y zonas ruderales, generalmente sobre sustratos ricos en materia orgánica. En el área serrana es una especie muy abundante bajo todo tipo de árboles.

Se caracteriza por sus basidiocarpos con un sombrero convexo y obtusamente mamelonado, muy viscoso, de tonos verde-azulados que se decoloran a tonos pardo-amarillentos en la madurez, un anillo bastante persistente y la arista laminar blanca. Pertenece a un grupo de especies «verdosas» estrechamente relacionadas, entre las que a veces puede existir cierta confusión. Carece de interés como comestible, aunque se especula con la posibilidad de que contenga alcaloides de la familia de la Psilocibina.

●● *Tricholoma equestre* (L.) P. Kumm.
(=*Tricholoma flavovirens* (Pers.) S. Lundell)
Seta de los caballeros

Píleo	De 6-10 (12) cm, hemisférico-campanulado al principio, luego plano-convexo y extendido, a veces con un mamelón central obtuso; superficie algo viscosa y brillante con la humedad, con escamas concéntricas pardo-leonado oscuras más apretadas en el centro formando un disco oscuro, sobre un fondo pardo-oliváceo o amarillo-verdoso al secar.
Himenio	Con láminas anchas, densas, emarginadas y a veces bifurcadas, de llamativos tonos amarillo-limón desde el principio.
Pie	De 5-7 (10) x 1-2 cm, cilíndrico o claviforme, superficie lisa, finamente fibrilosa longitudinalmente o con escamas pardo-oscuras en la base, de tonos similares a las láminas, casi blanquecinos hacia el ápice.
Carne	Blanquecina, amarillo-citrina bajo el sombrero, con olor y sabor harinosos, suaves.
Observaciones	Fructifica en solitario o gregario durante el otoño, asociado tanto a coníferas como frondosas, con preferencia por los sustratos ácidos arenosos. Abunda en algunas zonas de pinar de la sierra de Guadarrama.

Es una especie bien conocida por el aficionado y caracterizada por sus tonos amarillo-citrinos del sombrero y pie. Ha sido considerada durante largo tiempo como un excelente comestible; no obstante, en los últimos 5-10 años ha pasado a ser considerada como sospechosa de toxicidad, desaconsejándose su consumo y prohibiéndose su comercialización; estudios clínicos han demostrado una acumulación en el organismo de algunas de las sustancias potencialmente tóxicas que posee, además de haberse registrado episodios de intoxicación al ser consumida.

Tricoloma imbricado

Píleo	De 5-10 cm de diámetro, hemisférico-cónico al principio, luego campanulado-convexo y levemente umbonado; superficie piléica seca, mate, de tonos pardo-rojizos, más oscuros hacia el centro y palideciendo hasta pardo-rosado en ejemplares maduros, con fibrillas radiales al principio, luego rompiendo en escamas progresivamente hacia el margen.
Himenio	Con láminas densas, anchas, adnatas o decurrentes por un diente (escotadas), de color crema al principio y luego tornándose pardo-rosáceo pálido, con manchas pardo-rojizo con el desarrollo en la arista.
Pie	De 8-15 (17) x 1-2 cm, cilíndrico con la base algo fusiforme, hueco en la madurez y cubierto longitudinalmente de fibrillas pardo-oscuras sobre fondo más claro.
Carne	Blanca, pardo-rojiza bajo la cutícula, con olor suave fúngico o herbáceo y sabor amargo.
Observaciones	Fructifica a finales de verano y otoño en grupos numerosos y formando corros, sobre sustrato ácido, asociada a bosques de coníferas, en especial pinos. Es una especie muy abundante en el Guadarrama, en especial en bosques montanos de *Pinus sylvestris*.

Es un taxon caracterizado por los tonos pardo-rojizos y escamas imbricadas del sombrero, además de carecer de una zona anular bien delimitada, resultando frecuente y característico en pinares ácidos de montaña. No está considerada como un buen comestible debido al amargor de su carne.

● *Tricholoma terreum* (Schaeff.) P. Kumm.

Negrilla, ratón

Píleo De 3-81(10), al principio cónico-convexo, finalmente aplanado en la madurez con un mamelón central, más raramente
extendido o deprimido; superficie seca de tonos de gris oscuro hasta gris-negruzco, presentando fibrillas radiales al
principio, más escamosa-velutinosa en la madurez.

Himenio Con láminas blanco-grisáceas, largas, emarginadas y ligeramente decurrentes.

Pie De 4-7 x 1-1,8 cm, cilíndrico o claviforme hacia la base, blanco puro o blanco-grisáceo y finamente fibriloso hacia el
ápice.

Carne Blanca, firme y escasa bajo el sombrero, de olor inapreciable y
sabor dulce no específico.

Observaciones Fructifica en grupos muy numerosos, asociado al género *Pinus* principalmente, más rara bajo especies de frondosas,
desde finales del verano hasta bien entrado el otoño, desde
las tierras bajas hasta los pinares de alta montaña. En el
Guadarrama es una especie muy común en los pinares y
especialmente abundante en repoblaciones.

Es una especie muy común perteneciente al difícil grupo de especies de *Tricholoma* grises o más o menos oscuros. Considerada como comestible aunque
de baja calidad, por lo que se suele preparar mezclada con otras especies que
potencien su sabor.

●●● *Cantharellus cibarius* (Fr.)

Rebozuelo, cabrilla

Píleo De 1,5-10(12) cm, primero más o menos convexo, luego plano y al final deprimido; superficie seca, lisa o con unas pocas fibrillas adpresas, de tonos amarillentos más o menos pálidos hasta anaranjados.

Superficie himenial Con falsas láminas o pliegues muy bifurcados y a veces anastomosados, fuertemente decurrentes, de un color amarillo vivo similar al del píleo, que a veces pueden mancharse de pardo o anaranjado.

Pie De 2,5-8 x 1-2 cm, muy variable, generalmente curvado y adelgazado hacia la base, macizo, de color amarillento algo más pálido que el resto del cuerpo fructífero.

Carne Blanca, densa en el centro, de tonos amarillentos y olor agradable afrutado a melocotón, y de sabor suave o levemente picante.

Observaciones Fructifica generalmente gregario, desde mediados de verano hasta otoño, en todo tipo de bosques, aunque es más raro bajo coníferas. En el Guadarrama es moderadamente común, y una de las especies más buscadas por los aficionados.

Es considerada por los especialistas como una especie colectiva, habiéndose descrito numerosas variedades. A pesar de ello, es relativamente fácil de reconocer en campo por los tonos generales amarillo-yema del carpóforo, sus pliegues himeniales fuertemente decurrentes o el olor afrutado de su carne. Es un buen comestible aunque la fuerte presión recolectora, ha hecho que sea cada vez más escaso.

●●● *Cantharellus lutescens* (Pers.) Fr.

Rebozuelo anaranjado, trompeta amarilla, angula de monte

Píleo De 2-6(10) cm de diámetro, al principio convexo o algo deprimido, finalmente con el centro infundibuliforme y profun-
damente deprimido; superficie con aspecto fibriloso con
escamas finas y adnatas, de tonos pardos sobre un fondo
pardo-amarillento.

Superficie himenial Lisa o con leves pliegues o vénulas planas, ampliamente
decurrentes por el pie, de color crema, crema-amarillento
o incluso amarillo-salmón.

Pie De 2-8 x 0,5-1 cm, atenuado hacia la base, curvado, central o
levemente excéntrico, hueco, a veces comprimido longitudinalmente, de tonos amarillo-vivo o amarillo-dorado.

Carne Escasa, delgada, fibrosa y tenaz, de tonos amarillentos y con
olor agradable, afrutado y de sabor suave.

Observaciones Aparece aislada o más comúnmente en pequeños grupos durante el otoño, generalmente bajo coníferas (pinos) en bosques húmedos de la sierra del Guadarrama.

Se caracteriza por su sombrero en tonos pardo-amarillentos que contrastan con
el amarillo-vivo del pie y su característico olor agradable y afrutado. Está considerado como excelente comestible, en especial previamente desecado.

● *Clavariadelphus pistilaris* (L.) Donk

Mano de mortero, mano de almirez

Basidiocarpos   De 9-20(25) cm de altura y 2-6 cm de grosor en el ápice, cla-
viforme-obtuso y con forma característica de maza o porra,
con la superficie de tonos amarillo-vivo en ejemplares inmaduros, amarillento-ocráceos o pardo-rojizos al envejecer,
lisa o más comúnmente rugosa o sulcada longitudinalmente; todo el carpóforo se estrecha y atenúa progresivamente
hacia la base, diferenciándose a veces un falso pie radicante
sumergido en el sustrato.

Superficie himenial   Situada en la superficie externa.

Carne   Maciza, densa y firme al principio y más esponjosa en ejemplares maduros, de color blanco o púrpura-vinoso tras la
exposición al aire, con olor no característico y de sabor ligeramente amargo.

Observaciones   Fructifica de forma solitaria en otoño, asociada micorrizó-
genamente a especies de Fagáceas (encinas, robles, hayas,
etc.) e indiferente al sustrato. Es bastante común en bosques mixtos montanos de la sierra del Guadarrama.

Es relativamente fácil de reconocer por sus basidiocarpos amarillentos en forma
de maza, con carne blanquecina de sabor amargo. Está considerado como un
comestible mediocre por el amargor de su carne que, no obstante, parece desa-
parecer cuando se consumen hervidos retirando el agua de cocción.

Basidiocarpos   Anuales o perennes, resupinados, con una característica forma de cojín o almohada, con la parte central más engro-
sada, y de contorno oval u oblongo, de hasta 1,5 cm de
grosor en el centro y hasta 10 cm de longitud.

Superficie himenial

Porada, de color de ocráceo más o menos oscuro a pajizo,
1-3 por mm, adelgazándose hacia el sustrato y con un subí-
culo blanquecino de 0,1-0,3 cm de grosor; tubos formando
una capa de hasta 1,5 cm de grosor y del mismo tono que
los poros. Olor agradable y sabor ligeramente amarescente.

Observaciones   Fructifica aislado casi durante cualquier época del año con
condiciones favorables, produciendo una podredumbre
blanca en numerosos géneros de planifolios. No es una especie muy abundante, fructificando principalmente sobre
madera de melojo (*Quercus pyrenaica*) o encina (*Quercus
ilex* subsp. *rotundifolia*).

Es fácil de reconocer sobre el terreno por la morfología en forma de cojín de sus
fructificaciones con el margen negruzco, además de por sus esporas relativamente grandes y por el tipo de trama o sistema hifal. No tiene interés culinario alguno.

Fistulina hepatica Bull.

Lengua de buey,
hígado de vaca

Basidiocarpos   Anuales, sésiles o con pie excéntrico y lateral, píleo de didimiado a reniforme o incluso globoso, de hasta 20 cm de
diámetro y 6 cm de grosor, de consistencia blanda al principio, luego más fibroso y duro en ejemplares muy maduros;
superficie piléica finamente híspida o tomentosa con hifas
agregadas en penachos a modo de pápulas, sobre un fondo
pardo-rosado a pardo-rojizo o pardo-púrpura; margen de
agudo a más o menos redondeado y concoloro.

Superficie himenial

Con poros blanquecinos al principio, oscureciéndose al
roce y tomando un tono castaño con la edad y en seco; tubos himeniales individualizados y apretados, 4-6 por mm;
contexto rojizo, de hasta 5 cm de grosor, carnosos y exudando un contenido de color sangre al corte o la fragmen-
tación, y tornándose más fibroso y de tonos pardo claros
al secarse.

Pie   Generalmente lateral o subsésil, con papilas, primero rojizo,
luego oscureciéndose hasta tonos pardo-negruzcos, de hasta 5 cm de largo y 3 cm de ancho.

Observaciones   Fructifica individualmente o en fascículos desde finales del
verano y durante el otoño, ligada parasíticamente a robles
y, en menor medida, a castaños. En la sierra es bastante
frecuente sobre roble melojo (*Quercus pyrenaica*) y albar (*Q.
petraea*).

Es una especie singular, que se caracteriza por los vivos tonos color púrpura-
rosados de su píleo, y por presentar tubos himeniales individualizados y fácilmente separables. Es un parásito del roble bastante dañino y activo, y es considerada
como comestible bastante aceptable, pudiéndose consumir incluso cruda.

● *Fomes fomentarius* (L.) Kickx.

Hongo yesquero

Basidiocarpos   Perennes, sésiles, ungulados, de hasta 15 cm de ancho, de consistencia dura y similar a la de la madera, con la superficie superior del píleo desarrollando una cutícula dura y glabra a modo de costra, de color gris, zonada y sulcada concéntricamente, con la zona marginal de tonos pardo-claros, también zonada y finamente tomentosa.

Superficie himenial

Cóncava, de tonos pardo-claros, con varias capas de tubos de hasta 0,6 cm de grosor cada una, de pared gruesa que se abre en poros circulares (4-5 por mm) de color pardo-ocráceo, a veces taponados por una especie de secreción amarillenta; contexto pardo-amarillento, duro y fibroso, azonado de hasta 1 cm de grosor y con una parte central granular, de olor agradable y de sabor amarescente.

Observaciones   Fructifica viviendo durante varios años sobre el mismo huésped, desarrollando una nueva capa himenial cada temporada (generalmente en verano y otoño), y produciendo una podredumbre blanca sobre madera viva o muerta de planifolios (sobre todo, hayas y chopos).

Es una especie muy común, fácilmente reconocible en el campo por sus carpóforos ungulados de color grisáceo, la costra de su píleo y la carne de estructura granular y parda del contexto. Aunque carece de interés culinario, se ha utilizado desde antiguo para fabricar yesca.

Fomitopsis pinicola (Swartz.) P. Karst.

Yesquero marginado, yesquero del pino

Basidiocarpos Perennes, normalmente sésiles, raramente efuso-reflejos y resupinados, de consistencia dura similar a madera, aplanados o ungulados, fuertemente adheridos al sustrato, de hasta 40 x 20 x 15 cm, con la superficie lisa, glabra y costrosa, cubierta con una capa resinosa, abollada y zonada concéntricamente con cinturones multicolores de tonos grises, amarillos, anaranjados o pardo-oscuros; margen redondeado de color blanco-amarillento.

Superficie himenial

De color crema o incluso amarillo-limón al roce en fresco, con poros circulares, 5-6 por mm; tubos de tonos crema o pardo-claro, de hasta 6 cm de grosor. Olor y sabor acídulos, algo desagradables.

Observaciones Fructifica todo el año, produciendo una podredumbre parda sobre madera viva o muerta de coníferas, más raramente sobre planifolios, permaneciendo varios años sobre un mismo pie de planta. En la sierra es frecuente sobre tocones y la base del tronco de varias especies de pino.

Se reconoce bien en campo por sus fructificaciones perennes, duras, con la presencia de un típico reborde rojizo o amarillo-pálido, y una costra cuticular resinosa que se funde cuando se calienta. Carece de interés culinario.

- *Ganoderma lucidum* (Curtis) P. Karst.

Pipa, seta pipa

Basidiocarpos Anuales, solitarios o en grupos de pocos ejemplares, estipitados, con un pie de 6-15 x 0,8-3,6 cm, con un píleo de semicircular a circular o en forma de abanico (flabeliforme), con
la superficie lisa, con una capa resinosa muy brillante, flexible al principio y finalmente coriácea y dura, zonada concéntricamente, con tonos rojo-hepáticos o castaño-rojizos,
más pálidos (anaranjados) en los anillos más marginales.

Superficie himenial

Con poros muy pequeños, apretados, de contorno irregular, de tonos blanco-cremosos al principio y finalmente
pardo-rojizos al madurar las esporas, con tubos de hasta
3 cm de grosor, primero blanquecinos y más tarde pardo-ocráceos.

Observaciones Fructifica desde primavera hasta el otoño, saprofíticamente
sobre tocones, base de troncos o incluso raíces enterradas
de un gran número de especies de planifolios, resultando
mucho más rara sobre coníferas. Es una especie muy abundante en la sierra sobre madera de especies de *Quercus*.

Es una especie muy variable y polimórfica aunque, en líneas generales, se reconoce bien por sus basidiocarpos estipitados anuales y la superficie piléica de aspecto
lacado y brillante en tonos muy vivos. Aunque no tiene valor como comestible,
es una especie altamente interesante desde el punto de vista de sus propiedades
medicinales, conocidas desde antiguo en países del oriente asiático, donde es
cultivada industrialmente y comercializada.

●● *Hydnum repandum* L.

Gamuza,
lengua de gato,
lengua de vaca

Píleo   De 5-10(15) cm de diámetro, primero convexo o hemisférico, luego plano-convexo, plano o incluso deprimido; superficie seca, mate, ligeramente tomentosa, de tonos crema, amarillento-pálida u ocre-pálida.

Superficie himenial
   Con aguijones de hasta 0,5 cm de longitud, densos, fácilmente desprendibles, fuertemente decurrentes por el pie, del mismo tono que el sombrero y tornándose pardo-anaranjado en ejemplares maduros.

Pie   De 3-8 x 1-3(4) cm, central o ligeramente excéntrico, cilíndrico y ensanchado hacia la base, liso, a veces algo bulboso, de tonos blanquecinos o crema-pálidos, amarilleando en la base.

Carne   Espesa, frágil, fibrosa, de color blanco o crema-pálido que amarillea al corte, de olor agradable y sabor ligeramente amarescente.

Observaciones   Aparece solitario o en pequeños grupos desde finales de verano hasta el invierno, tanto bajo coníferas como planifolios, indiferente al sustrato. Es una especie muy abundante en bosques mixtos de la sierra del Guadarrama.

Es fácilmente reconocible por los tonos crema-ocráceos generales de sus carpóforos, su porte robusto y su característico himenio con aguijones fácilmente separables. Está considerada como comestible, recordando su sabor al de las nueces, aunque únicamente los ejemplares jóvenes son recomendables tras una larga cocción.

Inonotus hispidus (Bull.) P. Karst.
Yesquero erizado, yesquero híspido

Carpóforos   Sésiles, con píleo aplanado, didimiado de hasta 10 x 16 x 8 cm; con la superficie superior de un tono rojo-anaranjado brillante en las primeras etapas del desarrollo, tornándose pardo-rojizo oscuro a negruzco en la madurez, muy híspido e incluso estrigoso, azonado y con el margen concoloro.

Superficie himenial

Con una capa de tubos de tonos pardo-amarillentos al principio y más tarde concoloros con el contexto de hasta 1,5 cm de grosor, que terminan en poros del mismo color y también volviéndose negruzcos, angulares, 1-3 por mm; contexto pardo-rojizo oscuro y fibroso de hasta 4 cm de grosor.

Observaciones   Fructifica de forma solitaria durante el otoño y el invierno, produciendo podredumbre blanca en madera viva de numerosos géneros de frondosas, en especial sobre *Quercus*. En el territorio serrano se le puede observar sobre numerosos géneros vegetales.

Es un importante patógeno sobre individuos vivos de numerosos géneros de planifolios y es fácilmente reconocible por su superficie piléica fuertemente híspida, sus esporas pigmentadas o la morfología en forma de gancho de sus setas himeniales. No es considerado como comestible.

Piptoporus betulinus (Bull.) P. Karst.
Yesquero del abedul

Basidiocarpos   De didimiados a subestipitados, pie corto, robusto, glabro y a menudo resinoso, de tonos blanquecinos o blanco-grisáceos o incluso pardos, de hasta 6 cm de longitud y 5 cm de anchura; sombrero a menudo colgante, normalmente didimiado, reniforme, solitarios, de 15 x 25 x 6 cm; superficie piléica de blanca a blanco-grisácea o parda, a menudo cubierta con una película que rompe por zonas, dando un aspecto más o menos escamoso, glabra o azonada; margen piléico concoloro y a veces excedente.

Superficie himenial

Con poros blancos al principio, luego parduzco-pálidos con la edad, de angulares a circulares, 3-5 por mm; contexto blanco, azonado de hasta 5 cm de grosor; capa de tubos separable del contexto en fresco de hasta 1 cm de grosor.

Observaciones   Puede aparecer durante todo el año parasitando troncos vivos o madera caída de abedules. En nuestro territorio se encuentra en los escasos abedulares relícticos existentes en la sierra del Guadarrama.

Es difícilmente confundible sobre el terreno con otra especie, siendo muy reconocible por su hábitat exclusivo en abedul, la superficie piléica lisa o la capa de tubos himeniales fácilmente separables del contexto. No presenta ningún interés gastronómico.

Corticiáceo azulado

Carpóforos	Resupinados u orbiculares, formados por placas de aspecto redondeado confluyentes formando costras irregulares de bordes bien definidos y recurvados en ejemplares maduros.
Superficie himenial	
	Lisa, de aspecto aterciopelado, de tonos azul-añil intensos, más oscuros hacia el centro de la fructificación y palideciendo hacia los bordes en crecimiento y en general con la desecación.
Trama	Del mismo tono, de consistencia cerácea y blanda al principio, luego a modo de costra endurecida, de hasta 0,05 cm de grosor.
Observaciones	Fructifica durante todas las épocas del año cuando las condiciones son favorables, descomponiendo saprofíticamente madera de diferentes troncos de Fagáceas y especies asociadas a bosques de ribera (chopos, álamos, etc.). Es una especie relativamente frecuente en el Guadarrama, especialmente sobre restos de madera de bosques riparios.

Es una especie inconfundible por los espectaculares tonos azul intensos de sus basidiomas. No está considerada como comestible.

• *Ramaria flavescens* (Schaeff.) R.H. Petersen

Pie de gallo,
barba de chivo,
ramaria amarilla,
cresta de gallo,
manita

Basidiocarpos Con aspecto general coraloide o arborescente, de 8-15 cm de altura y 8-18 cm de ancho, compuestos de un tronco principal más o menos cilíndrico de tonos blanquecinos o crema-pálidos, del que parten numerosas ramificaciones cilíndricas, más o menos densas y paralelas, que se ramifican a su vez 2 o 3 veces más en forma de «V», de color variable desde amarillo-dorado, amarillo-ocráceo pálido o incluso pardo-amarillento en los ejemplares más viejos, terminadas en ápices cortos con puntas a modo de espinas de color amarillo-dorado o pardo-amarillento.

Superficie himenial

Lisa y carne fibrosa, blanquecina y con olor banal y sabor amargo.

Observaciones Aparece gregaria durante el otoño, asociada tanto a especies de planifolios como de coníferas. En el Guadarrama es de las especies más comunes del género, tanto en bosques mixtos de *Quercus* esclerófilos, como en bosques montanos de pino albar.

Está caracterizada por sus carpóforos de tronco o pie bien definido y los tonos amarillentos de sus ramas con ápices de color amarillo-dorado. Considerada como comestible, aunque de escasa calidad, aconsejándose solo el consumo de los ejemplares más jóvenes.

● *Sarcodon imbricatus* (L.) P. Karst.

Hidno imbricado

Píleo   De 6-25(30) cm de diámetro, primero convexo, luego extendido, a menudo con el centro deprimido; superficie al principio finamente tomentosa, adquiriendo con el desarrollo
un recubrimiento de gruesas escamas imbricadas de ápice
erecto, de tonos pardo-oscuros a pardo-negruzcos sobre un
fondo pardo-grisáceo más claro hacia el margen.

Superficie himenial

    Con aguijones de 0,5-1,5 cm, separables y decurrentes, de
tonos blanquecinos en ejemplares inmaduros, luego pardo-
grisáceos.

Pie   De 4-8 x 2-4 cm, central o en ocasiones excéntrico, cilíndrico
o ensanchado en la base, de tonos blanco-cremosos que
se manchan de parduzco con la edad, recubiertos por un
micelio blanquecino en la base.

Carne   Gruesa, tenaz, de color blanco inmutable al corte, de olor no
característico y de sabor levemente amargo.

Observaciones   Fructifica aislada o en pequeños grupos durante el otoño, especialmente bajo coníferas y más raramente en bosques de
frondosas. Es relativamente frecuente bajo *Pinus sylvestris*
en zonas de la sierra del Guadarrama.

Es un taxon bien caracterizado por las escamas erectas e imbricadas de sus
sombreros, la ausencia de cambios de color de su carne al corte o con la manipulación o sus hifas fibuladas. Considerado como comestible aceptable, en especial
cuando joven.

●● *Sparassis crispa* (Wulfen) Fr.

Clavaria rizada,
seta coliflor,
hongo coliflor

Basidiocarpos Pulviniformes o esféricos, de 15-30(40) cm de diámetro, provistos de un pie corto y grueso algo atenuado hacia la base, lleno y de consistencia elástica, de 8-10 x 3-4 cm, con color blanco o crema-amarillento pálido, del que parten numerosas ramificaciones en todas las direcciones, ramificándose a su vez en lóbulos aplastados o fascículos entremezclados con un aspecto rizado y que recuerda a una coliflor, en donde se dispone la superficie fértil (himenio), de color similar al del pie, con los márgenes de los lóbulos obtusos, algo aserrados y de tonos pardo-ocráceos.

Carne Blanquecina, de olor aromático agradable y de sabor dulce, que según algunos autores recuerda al de las nueces.

Observaciones Aparece aislada durante el otoño, generalmente en la base de los troncos, tocones o sobre raíces de coníferas, en especial pinos. En la sierra es bastante común en especial asociada a madera muerta de pino albar (*Pinus sylvestris*).

Es fácil de reconocer por su gran tamaño y morfología que recuerda a una coliflor, y por fructificar al pie de troncos y tocones de coníferas, frecuentemente especies de pino. Está considerada como un buen comestible, de consistencia tierna y de sabor agradable, aunque se aconseja consumir solo los ejemplares jóvenes bien lavados.

Stereum hirsutum (Will.) Pers.
Estéreo peludo

Basidiocarpos Anuales o perennes, de aspecto resupinado, efuso-reflejo o pileado, y en ese caso con un gran número de píleos imbricados, cada uno de ellos de contorno lobulado, ondulado, de hasta 4 cm de diámetro y 0,2 cm de espesor, con la superficie externa de tomentosa a hirsuta, generalmente zonada, de tonos amarillento-anaranjados o amarillento-ocráceos, alternando con bandas pardo-grisáceas; superficie inferior (himenóforo) lisa o levemente tuberculada, de color amarillo-anaranjado.

Carne Amarillenta u ocrácea, de hasta 0,1 cm de espesor, elástica, tenaz, con olor y sabor no característicos.

Observaciones Fructifica en grupos de píleos imbricados durante todo el año bajo condiciones favorables, sobre madera descompuesta de un amplio rango de especies de planifolios. En el Guadarrama es extremadamente abundante, prácticamente sobre todo tipo de restos leñosos de todo tipo de frondosas.

Se reconoce fácilmente por sus carpóforos de efuso-reflejos a pileados, con la superficie de los mismos hirsuta, su himenóforo liso de color amarillento-ocráceo que no exuda líquido rojizo al corte, fructificando siempre en madera de planifolios. No posee interés alguno desde el punto de vista gastronómico.

● *Trametes versicolor* (L.) Lloyd
Yesquero multicolor

Basidiocarpos Anuales, resupinados y en muchas ocasiones con numerosos
píleos imbricados, con píleos de 2-4(8) cm de diámetro y
0,2-0,3 cm de grosor, didimiado, efuso-reflejo, semicircular o conchoide, con la superficie ligeramente tomentosa y
más tarde glabra, zonada concéntricamente con varias bandas de tonos muy variables alternos, pardo-ocráceos, pardo-rojizos, pardo-dorados, gris-parduzcos, gris-verdosos o
gris-azulados.

Superficie himenial

Con poros, de circulares a angulares, pequeños y densos,
de color blanquecino a crema; contexto coriáceo, fibroso,
blanquecino y con olor y sabor no destacables.

Observaciones Fructifica formando grupos de píleos imbricados más o menos densos, durante todo el año bajo condiciones favora-
bles, saprofíticamente sobre madera muerta de planifolios
y más raramente de coníferas. En el territorio serrano es
muy común sobre un rango muy amplio de especies arbóreas.

Se caracteriza bien sobre el terreno por la típica zonación concéntrica multicolor
de sus píleos y el contexto muy delgado de sus carpóforos. No tiene interés
alguno como comestible.

● *Astraeus hygrometricus* (Pers.) Morgan
Estrella de tierra higrométrica, estrella de tierra

Basidiocarpos De 1,5-4 cm de diámetro cuando están cerrados y hasta 6 cm tras su apertura, globosos o semiglobosos, hipogeos al principio y al madurar epigeos, fragmentando entonces el exoperidio en 6-20 láminas, dándole un característico aspecto estrellado, de aspecto coriáceo y tonos parduzcos o pardo-grisáceos, fuertemente higroscópico, dejando al descubierto un endoperidio globoso o hemisférico, sésil, de tonos blanquecinos, cremosos o pardo-ocráceos, con dehiscencia apical mediante un poro y alojando en su interior una gleba primero algodonosa y finalmente pulverulenta de color pardo-oliváceo.

Observaciones Aparece de modo gregario, durante todo el año en condiciones favorables, bajo todo tipo de formaciones forestales, con preferencia por los suelos arenosos. Es una especie muy común, resultando muy abundante en encinares y matorrales sobre suelo arenoso del piedemonte serrano.

Se reconoce en el campo por su exoperidio, que es capaz de extenderse y replegarse según el grado de humedad, dando un aspecto típicamente estrellado a sus basidiocarpos. Carece de interés gastronómico.

Bejín gris, bovista gris plomo, bejín plomizo

Basidiocarpos   Esféricos, subesféricos o pulviniformes, sésiles, hipogeos, de 1,5-4 cm de diámetro, con exoperidio blanco o amarillento, membranoso cuando joven, más tarde resquebrajándose en placas o escamas, dejando al descubierto un endoperidio de consistencia papirácea, de tonos blanco-grisáceos o gris-plomizos, con una gleba carnosa y blanquecina al principio, más tarde algodonosa-pulverulenta y de color pardo-oliváceo oscuro, de olor y sabor no característicos.

Observaciones   Aparece gregaria en grupos de pocos ejemplares, prácticamente durante todo el año pero especialmente en verano y otoño, cosmopolita en general y bajo cualquier tipo de bosque, en pastizales, herbazales nitrificados, de preferencia por los sustratos ácidos. En el Guadarrama es muy común en los hábitats anteriormente mencionados.

Se caracteriza por sus basidiocarpos globosos o pulviniformes con peridio muy fugaz de color blanco y por presentar un endoperidio de color gris-plomo. No es un comestible de calidad, aunque a veces pueden consumirse los ejemplares más jóvenes con la gleba aún blanca y carnosa.

Calvatia utriformis (Bull.) Jaap
Bejín areolado, bejín rugoso

Basidiocarpos De 5-15(20) cm, esféricos al principio y más tarde subglobosos o piriformes, atenuados progresivamente hacia la base
y con cordones miceliares de color blanco; superficie externa (exoperidio) membranosa en ejemplares jóvenes, orna-
mentada con placas piramidales o poligonales anchas que
al madurar le dan un aspecto areolado, de tonos primero
blanquecinos y finalmente ocráceo-amarillentos; endoperidio papiráceo, frágil y removible, con dehiscencia apical
irregular, de color pardo-grisáceo o parduzco, alojando
en su interior una gleba blanca y esponjosa cuando joven,
más tarde pardo-amarillenta, olivácea o pardo-ferruginosa
y pulverulenta, y una subgleba con estructura celular del
mismo tono.

Carne Con olor y sabor no destacables.

Observaciones Fructifica de forma gregaria a lo largo de todo el año con condiciones favorables en herbazales, praderías o pastizales,
indiferente al sustrato. Es bastante común en pastizales de
la rampa serrana y en prados frescos y húmedos de la sierra
del Guadarrama.

Se caracteriza por el aspecto subgloboso o piriforme de sus carpóforos, junto
con un exoperidio areolado de grandes placas o escamas piramidales. Los ejemplares muy jóvenes son comestibles de baja calidad.

Cyathus olla (Batsch) Pers.

Ciato atrompetado, nido gris, hongo nido

Basidiocarpos   Sésiles, con aspecto de huevo o cilíndricos cuando jóvenes, más tarde de turbinados a infundibuliformes con el margen aplanado y entero, de 1-1,5 x 0,4-1,5 cm, completamente cubierto por un exoperidio al principio, y con la parte superior tornándose plana y formando un opérculo membranoso (epifragma) blanquecino, que al madurar se rompe y deja expuesta la cavidad interior; el resto del carpóforo con la superficie tomentosa o casi glabra, de color ocre o pardo-grisáceo y el interior de la cavidad blanquecino-grisáceo o pardo-grisáceo, liso o algo ondulado en el margen, conteniendo en su interior aproximadamente 10 peridiolos con forma lenticular, de 2-2,5 cm y de color pardo-grisáceo, que contienen las basidiosporas y que permanecen unidos al basidiocarpo por un funículo en forma de cordón miceliar.

Carne   De consistencia blanda y peridio constituido por tres capas o estratos.

Observaciones   Fructifica en grupos numerosos durante todo el año, saprofíticamente sobre restos de madera muy variados, áreas muy nitrificadas o incluso sobre estiércol.

Puede ser confundido sobre el terreno con otras especies de gasteromicetos denominados como hongos nido. No posee interés culinario alguno.

● *Lycoperdon perlatum* Pers.

Cuesco de lobo, cuesco de lobo perlado, bejín perlado

Basidiocarpos De 3-8 x 2-5 cm, de aspecto mazudo o claviformes e incluso subglobosos con cabeza y pseudoestípite cilíndrico y bien diferenciado, con la superficie (exoperidio) consistente en espinas piramidales y con verrugas más pequeñas y bajas a su alrededor, de tonos blancos al principio y más tarde pardo-oliváceas, fugaces y que al desprenderse dejan al descubierto un retículo en el lugar donde estaban insertas; endoperidio de consistencia papirácea y tonos crema a ocráceos, con dehiscencia apical mediante un ostiolo, alojando en su interior una gleba y subgleba bien diferenciadas, blancas y esponjosas al principio del desarrollo, más tarde pardo-oliváceas u ocráceas y pulverulentas.

Carne Sin olor ni sabor destacables.

Observaciones Aparece generalmente en grupos no muy numerosos, en primavera y otoño en suelo, en hojarasca de numerosos tipos de bosques, zonas abiertas, etc., e indiferente al sustrato. En el Guadarrama es una especie muy común, quizá el gasteromiceto más abundante y conocido por los aficionados, fructificando en todo tipo de hábitats.

Es fácilmente reconocible por sus carpóforos mazudos o piriformes con pseudoestípite y la característica configuración de su exoperidio a base de espinas piramidales fugaces rodeadas de verrugas. Los ejemplares muy jóvenes son comestibles de baja calidad.

Rhizopogon luteolus Fr.

Criadilla amarillenta, criadilla amarilla de pino

Basidiocarpos Al principio hipogeos y más tarde semihipogeos, de 2-4(6) x 1-3 cm, globosos, subglobosos o tuberoides, de aspecto semejante a una patata pequeña, con la superficie externa recubierta en su totalidad por abundantes rizomorfos amarillentos o pardo-ocráceos, más oscuros (pardo-negruzcos) al deshidratarse; peridio grueso, liso o finamente fibriloso, no separable, blanco-amarillento al principio y más tarde amarillento-ocre, sin cambiar de color al roce, alojando en su interior una gleba carnosa y esponjosa, blanca al inicio del desarrollo y loculada, más tarde amarillento-olivácea y finalmente negruzca, con numerosas vénulas blanquecinas dispuestas a modo de laberinto, con olor banal, fúngico.

Observaciones Aparece aislado o en pequeños grupos en otoño, asociado a especies del género *Pinus*, con preferencia por los suelos de textura arenosa. En el Guadarrama es un hongo muy común, fructificando a veces masivamente en repoblaciones forestales.

Se caracteriza bien por sus basidiocarpos semihipogeos con peridio amarillento y cubierto de rizomorfos oscuros, además de ser inalterable al rozamiento. Considerado como una especie comestible, aunque de calidad muy mediocre.

ÍNDICE DE ESPECIES

• Los taxones marcados corresponden a especies o variedades discutidas o aludidas en las fichas, pero que no constituyen especies con ficha propia.

BIBLIOGRAFÍA

BAUER, C.A. (1982). *Los hongos de Europa*. Ed. Omega.

BON, M. (1988). *Guía de campo de los Hongos de Europa*. Ed. Omega. Barcelona.

CETTO, B. (1975-1993). *I Funghi dal vero*. Vols. 1-7. Ed. Saturnia.

COURTECUISSE, R. & DUHEM, B. (1994). *Guide des champignons de France et d'Europe*. Ed. Delachaux et Niestle.

CALONGE, F. D. (1990). *Setas (hongos). Guía ilustrada*. Ed. Mundiprensa.

— (1998). *Setas de Madrid*. Ed. Consejería de Medio Ambiente y Desarrollo Regional. Comunidad de Madrid.

GARCÍA-ROLLÁN, M. (1990). *Setas venenosas. Intoxicaciones y prevención*. Ed. Ministerio de Sanidad y Consumo.

LANGE, J. E., LANGE, D. M. & LLIMONA, X. (1981). *Guía de campo de los hongos de Europa*. Ed. Omega.

LAESSØE, T. (1998). *Hongos. Manual de identificación*. Ed.Omega.

ESTEVE-RAVENTÓS, F., LLISTOSELLA VIDAL, J. & ORTEGA DÍAZ, A. (2007). *Setas de la Península Ibérica e Islas Baleares*. Ed. Jaguar.

GERHARDT, E., VILA, J. & LLIMONA, X. (2000). *Hongos de España y de Europa*. Ed. Omega.

MENDAZA, R. (2009). *Las setas en la naturaleza*. Ed. Fundación Iberdrola.

Moreno, G. & García Manjón, J. L. (2010). *Guía de Hongos de la Península Ibérica*. Ed. Omega.

Muñoz Sánchez, J. A. (1996). *Setas de la Península Ibérica*. Ed. Everest.

Palazón, F. (2001). *Setas para todos. Pirineos-Península Ibérica*. Ed. Pirineo.

Sociedad Micológica de Madrid, Varios Autores. (1997). *Setas de Madrid. Guía de Iniciación*. Ed. Sociedad Micológica de Madrid.

— (2001). *Setas de Madrid. 1 Boletales*. Ed. Sociedad Micológica de Madrid.

— (2001). *Setas de Madrid. 2 Gasteromycetes*. Ed. Sociedad Micológica de Madrid.

— (2001). *Setas de Madrid. 3 Agaricus*. Ed. Sociedad Micológica de Madrid.

GLOSARIO DE TÉRMINOS MICOLÓGICOS

adnado ó adnato: aquella parte o estructura que se une o adhiere a otra, como por ejemplo la cutícula con el sombrero, el anillo con el pie, etc.

alcaloide: sustancia orgánica y tóxica del metabolismo secundario de algunos vegetales y hongos que afecta al sistema nervioso.

amarescente: de sabor ligeramente amargo.

amiloide: aquellas esporas que vistas al microscopio toman una coloración azul-negruzca en presencia del reactivo yodado de Melzer.

anillo: resto laminar del velo parcial que permanece rodeando el pie del carpóforo tras la apertura y extensión del sombrero.

apófisis: engrosamiento anular de la parte inferior del endoperidio de algunos géneros de gasteromicetos.

apotecio: cuerpo fructífero o ascocarpo de algunos grupos de ascomicetos con forma de copa más o menos abierta.

asco/asca: estructura hifal en forma de saco que contiene las esporas sexuales del hongo, característico del grupo de los Ascomicetos.

ascocarpo: carpóforo o fructificación portadora de ascos.

ascomicetos: grupo de hongos caracterizados por la producción de esporas sexuales en el interior de ascos.

ascóspora: espora sexual producida en el interior de los ascos.

basidio: estructura celular de morfología cilíndrica o claviforme provista de apéndices o esterigmas, donde se producen esporas sexuales en los basidiomicetos.

basidiocarpo: fructificación o cuerpo fructífero sexual de los basidiomicetos.

basidiomicetos: hongos que se reproducen de forma sexual por medio de basidios.

basidiósporas: esporas sexuales características de los basidiomicetos producidas sobre un basidio.

carpóforo: aparato productor de esporas de los hongos superiores. En determinados grupos se denomina vulgarmente cuerpo fructífero o seta.

cistidio: estructura unicelular estéril de forma y perfil muy variable que puede alternarse en la capa himenial de numerosos agaricales y boletales, o tapizar la superficie del pie o la cutícula de algunos géneros.

claviforme: estructura con aspecto de maza o clava, mazudo.

concolor(a): del mismo tono o color.

conidio: propágulo o espora de origen asexual que se forma sobre hifas especializadas (modificadas o no) llamadas conidióforos y que representa la fase anamórfica de muchas especies de ascomicetos y basidiomicetos.

coprófilo: organismo que vive sobre excrementos o estiércol.

cortina: velo parcial muy laxo y filamentoso, con aspecto de «tela de araña».

cutícula: estrato más externo de hifas en las fructificaciones de los hongos.

epicutis: estrato o capa de hifas situada en la parte más externa de una fructificación.

epigeo: cuerpos fructíferos desarrollados por encima del nivel del suelo.

esclerocio: agregación hifal densa con función de resistencia y morfología diversa.

espora: célula fúngica o propágulo con capacidad reproductiva que puede ser de origen sexual o asexual.

esporada: acumulación en masa de esporas que puede ser de diferentes coloraciones y de gran importancia como carácter taxonómico.

esterigma: prolongación hifal a modo de conos estrechos en el ápice de los basidios, y que sostienen a las basidiósporas durante su desarrollo.

estípite: pie de los basidiocarpos; a veces referido como estipe.

estroma: pseudotejido hifal cuyo papel, en la mayoría de los casos, es llevar sobre sí o englobar a los órganos reproductores.

farinoso: con olor o aspecto de harina.

fasciculado: crecimiento de las fructificaciones formando fascículos o grupos de carpóforos unidos por una base común.

fíbula: estructura hifal con aspecto de gancho, que aparece en posición externa o aplicada a los septos de las hifas de numerosos basidiomicetos.

gleba: tejido fértil donde se forman las basidiósporas de los gasteromicetos, protegido generalmente por el peridio.

heterótrofo: organismo carente de clorofila, incapaz de sintetizar hidratos de carbono a partir de precursores inorgánicos.

hifa: célula fúngica con forma de filamento tubular o cilíndrico.

higrófano: estructura con la capacidad de cambiar de color según su grado de hidratación.

himenio: superficie fértil de las fructificaciones, generalmente con células agrupadas contiguamente, formando una especie de empalizada.

himenóforo: parte de la fructificación donde se desarrolla y dispone el himenio.

hipogeo: referido a la fructificación o cuerpo fructífero que se desarrolla bajo tierra, subterráneo.

látex: sustancia líquida y más o menos densa de coloración variable que es exudada espontáneamente al roce o al corte por las hifas de algunos cuerpos fructíferos.

lignícola: que vive sobre la madera.

liquen: organismo compuesto que resulta de la asociación simbiótica entre una especie de hongo y un alga.

mamelón: abultamiento más o menos prominente, obtuso o agudo. Sinónimo de umbón.

micelio: cuerpo vegetativo de los hongos, formado por hifas.

micorriza: estructura doble formada a consecuencia de la relación simbiótica entre las hifas de un hongo y las raíces de una planta.

organoléptico: carácter que percibido a través de los sentidos (olor, sabor, etc.).

parásito: organismo que vive a expensas de otro al que perjudica.

peridio: envuelta membranosa que envuelve y protege la gleba de los Gasteromicetes.

pileipellis: estructuras fúngicas que conforman la capa más externa del píleo, incluyendo epicutis y subcutis.

píleo: sombrero o sombrerillo de las fructificaciones con forma de seta.

poro germinativo: poro a través del cual germinan algunas esporas.

primordio: fases más juveniles del desarrollo de un carpóforo.

rafanoide: con olor de rábano.

resupinado: aquella fructificación en la que el píleo o sombrero se adhiere lateralmente al sustrato.

rizomorfo: hifas agregadas en forma de cordón, que recuerdan a pequeñas raíces.

saprófito: organismo que vive a expensas de materia orgánica en descomposición; también denominado saprobio o saprotrofo.

septo: tabique.

simbiosis: asociación entre dos o más seres vivos, en la que todos participantes obtienen beneficios.

taxon: unidad funcional en la clasificación de los organismos (p.ej. especie, género, etc.).

teleomórfica(o): fase sexual de ciertos hongos, que se caracteriza por la formación, de ascósporas o basidiósporas. Opuesta a la fase anamórfica.

trama: contexto o carne de una fructificación; en general referido a la estructura interna fúngica de las fructificaciones, excluidos los estratos más superficiales.

velo: peudotejido fúngico formado por hifas que protejen el desarrollo del himenio (velo parcial) o toda la fructificación (velo universal).

volva: resto de velo universal con aspecto de saco que envuelve la base del pie.

zonado: referido a una superficie con un dibujo de líneas concéntricas que dejan varias zonas entre ellas (típico del sombrero de especies del género *Lactarius*).